IDEENBUCH ZUM SELBERMACHEN

Kissen

IDEENBUCH ZUM SELBERMACHEN

Kissen

Katrin Cargill

Fotos
James Merrell

BLV

Die Deutsche Bibliothek –
CIP-Einheitsaufnahme

Kissen / Katrin Cargill,
Fotos James Merrell. (Übers. aus
dem Engl.: Claudia Haimerl) –
München ; Wien ; Zürich : BLV 1997
(Ideenbuch zum Selbermachen)
ISBN 3-405-15273-9

BLV Verlagsgesellschaft mbH
München Wien Zürich
80797 München

Titel der englischen Originalausgabe:
The Soft Furnishing Workbooks:
CUSHIONS

Übersetzung aus dem Englischen:
Claudia Haimerl

Lektorat: Edith Ch. Kiel

Herstellung: Sylvia Hoffmann

Satz und DTP: Satz + Layout
Peter Fruth GmbH, München

Einbandgestaltung:
Sander & Krause, München

Printed in Hong Kong

ISBN 3-405-15273-9

Für Hänsi Schneider,
in Liebe und Dankbarkeit.

Inhalt

Vorwort

Ein ganzes Buch nur über Kissen – ist das nicht ein bißchen einseitig? Mag schon sein, aber ich schätze es nun mal ganz besonders, meinen müden Rücken gegen ein weiches, bequemes Kissen zu lehnen. Das Allerschönste für mich ist, sonntags völlig entspannt – in zwei oder drei äußerst gemütliche Kissen gekuschelt – die Zeitung zu lesen, während sich die ausgelasseneren und aktiveren Familienmitglieder mit etlichen unserer Kissen Schlachten liefern, was immer wieder zur Folge hat, daß unsere Kissen nicht sehr lange halten; und so traurig es auch für mich ist, mit ansehen zu müssen, wie eines meiner Lieblingsstücke durchscheuert, ausfranst und ins Gras beißen muß, so eröffnen sich dadurch doch eine Reihe von Möglichkeiten, tolle Ideen zu verwirklichen, neue Stoffe und Verzierungen auszuprobieren. Ich habe eine große Kiste voll mit Zuschnitten aller meiner Lieblingsstoffe und eine noch größere Sammlung von Resten, alten Stoffen und sonstigen Utensilien, und es macht mir überaus großen Spaß, meine Ideen in die Tat umzusetzen und ein ganz neues Kissen auf dem Sofa zu drapieren.

Kissen machen einen Sitz bequemer oder stützen den Rücken, darüber hinaus können sie als Gestaltungselement einen Raum entscheidend prägen. Ein schlichtes Sofa oder ein neutraler Sessel wirken vollkommen verändert durch ein paar Kissen in den Grundfarben und wieder ganz anders durch ein paar in zarten Pastelltönen gehaltene Kissen. Eine Nackenrolle bedeutet nicht nur größere Bequemlichkeit, sondern gibt einer Holzbank zusätzlich ein ganz neues Aussehen. Nicht immer müssen Kissen nur farbige Vierecke sein – wagen Sie es getrost, runde und andere Formen auszuprobieren, mischen Sie Farben und Muster, besticken Sie als Geschenk für einen lieben Menschen ein kleines Kopfkissen mit seinen Initialen oder fertigen Sie ein Sitzkissen für einen harten Hocker an. Die Möglichkeiten sind schier endlos, und die Absicht dieses Buches ist es, Ihnen neben Anregungen auch genaue Anleitungen zu vermitteln, mit Hilfe derer Sie die hier vorgestellten Kissen nacharbeiten können.

Katrin Cargill

Links: Ein rechteckiges Kissen aus grün-weiß gestreiftem Baumwollstoff mit einer hervorgehobenen, gepolsterten Blende aus schlichter, aufgerauhter Baumwolle.
Unten: Drei verschiedene Formen: Ein herzförmiges Kissen mit einer schweren Chenillekante; ein klassisch umrandetes Kissen in Dreieckform mit dunkler Paspelierung; und ein Nackenpolster aus kariertem Leinen.

Formen

Woran man bei dem Wort »Kissen« denkt, ist wohl am ehesten die typische viereckige Form. Mittlerweile gibt es zwar auch einige anders geformte Kissenbezüge fertig zu kaufen, Sie müssen dann allerdings auch die passenden Polster dazu finden. Am besten fertigen Sie diese selbst an, indem Sie einen selbstgenähten Bezug für Innenkissen füllen, und so können Sie originelle Kissen in jeder nur beliebigen Form herstellen.

Der Matratzenlook dieses Kissens wird durch die zwischen Ober- und Unterseite eingezogenen Knöpfe erreicht; eine hübsche Idee für Bänke oder Holzstühle.

Links, von oben nach unten: Ein schlichter Stoff wird belebt durch eine Bommelkante in dunklerer Kontrastfarbe. Aus aufgerauhter Baumwolle angefertigte Würfel machen sich gut in einem modern eingerichteten Zimmer. Schlichte grüne Karos unterstreichen die viereckige Form dieses Kissens mit türkischen Ecken und schmaler grüner Paspelierung. Ein Kissen in der Form eines Rugbyballes, angefertigt aus vier Streifen, lädt dazu ein, es durch die Luft zu werfen. Vierecke auf einem Viereck: ein Kissen aus kariertem Leinen- und Viskosestoff mit einer eng gerüschten Blende.
Oben: Für Sternfans: Diese dreidimensionale Form prägt ein schlichtes Sofa oder einen einfachen Sessel ganz entscheidend.
Unten: Ein rechteckiges Kissen aus Baumwolle mit horizontalen Streifen, eingefaßt mit einer flaschengrünen Bommelkante aus Wolle.

Sternkissen

Mit diesem Kissen in Sternform bekommt eine dekorative Einrichtung einen wirklich ganz ungewöhnlichen Akzent. Es ist vielleicht kein ideales Kuschelkissen, doch können ein oder zwei verschiedenfarbige Sterne ein außergewöhnlicher Blickfang sein. Wahrscheinlich kann man kein Kissen in Sternform fertig kaufen, aber mit Hilfe der folgenden Anleitung, die zum Teil aus ganz einfachen mathematischen Abläufen besteht, läßt es sich ganz leicht nacharbeiten. Das hier abgebildete ist aus karierter Baumwolle mit aufgesticktem Blumenmotiv und wird durch eine kontrastfarbene Paspelierung besonders betont.

Material & Werkzeug

120 cm karierter Baumwollstoff, 115 cm breit

kontrastfarbener Stoff für die Paspelierung

250 cm sehr dünne Paspelierkordel, 3 mm breit

Kapokfüllung (oder ähnliches)

ein Blatt Papier 58 × 58 cm

Winkelmesser

Zirkel

4 Auf die rechte Seite eines der Sterne die Paspelierung so auflegen, daß die Schnittkanten genau aufeinanderliegen. Zunächst mit Nadeln feststecken, anheften, dann mit 1 cm Nahtzugabe mit der Maschine aufsteppen. An den Spitzen der Sterne sehr sorgfältig und so nahe wie möglich an den Ecken arbeiten, d.h. die Nadel im Stoff belassen, den Fuß vom Pedal der Maschine nehmen, das Stoffstück drehen und dann an der Kante entlang weiternähen.

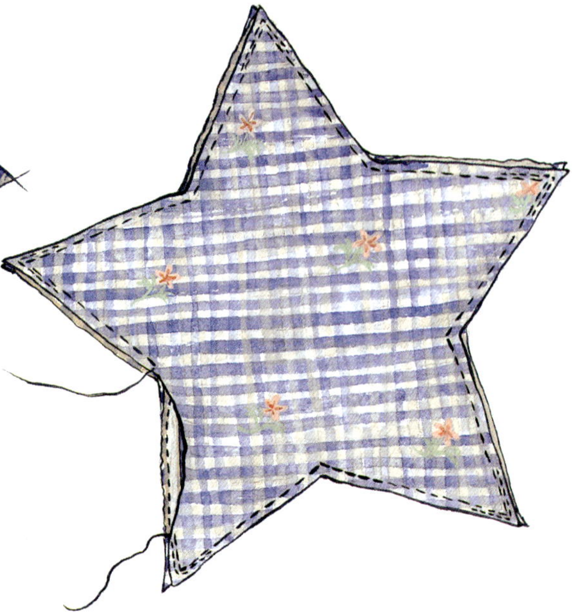

5 Den zweiten Stern rechts auf rechts so auf den ersten, mit der Paspelierung versehenen, legen, daß die Kanten übereinanderliegen. Stecken, heften, mit der Maschine zwischen der Paspelierung und den Schnittkanten so nah wie möglich an der Paspelierung zusammensteppen. Zur Verstärkung werden die Spitzen des Sterns doppelreihig genäht. Eine Naht zum Ausstopfen des Bezuges offenlassen. Abschließend alle Spitzen zurück- und alle Ecken einschneiden.

6 Kissenbezug wenden, bügeln, Innenkissen einziehen, dabei die Spitzen sorgfältig ausformen (dazu das Ende eines Bleistiftes oder eine stumpfe Stricknadel zu Hilfe nehmen).

7 Ist der Bezug ohne Beulen mit dem Polster gefüllt, die Naht zum Ausstopfen mit Schlupfstich schließen (siehe Techniken, S. 102). Sicherstellen, daß die Paspelierung sichtbar, d.h. außerhalb der Naht liegt.

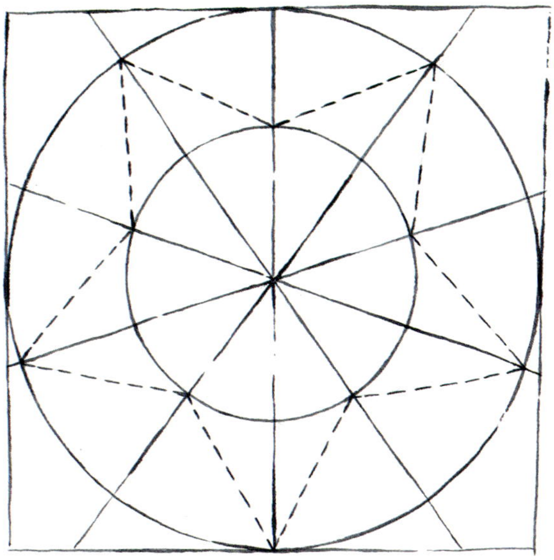

1 Herstellung einer sternförmigen Schablone: Einen großen Kreis mit einem Radius von 29 cm und innerhalb desselben einen kleineren Kreis mit einem Radius von 16 cm zeichnen. Mit Hilfe eines Winkelmessers und Zirkels 10 voneinander gleich weit entfernte Punkte auf dem äußeren Kreis markieren, jeweils unter einem Winkel von 36° zum vorhergehenden. Das Quadrat in 10 Abschnitte unterteilen, indem die markierten Punkte jeweils mit dem Mittelpunkt verbunden werden. Mit Hilfe der Schnittpunkte einen akkuraten fünfzackigen Stern zeichnen und ausschneiden.

2 Aus dem Baumwollstoff zwei Quadrate in der Größe 60 × 60 cm ausschneiden. Beide Teile übereinanderlegen und die Schablone mit Stecknadeln auf den beiden Stoffstücken fixieren. Vorsichtig um die Schablone herum die zwei Sterne ausschneiden.

3 Aus dem kontrastfarbenen Stoffstück eine 250 cm lange Paspelierung herstellen.

Bienen-Nackenrolle

Bei Kissen in der Form einer Nackenrolle denkt man oft an ein Accessoire für klassische englische Möbel. Tatsächlich können Nackenrollen aber für vielerlei Möbelstücke verwendet werden. So wird ein Tagesbett aus Metall mit Hilfe einer Nackenrolle viel gemütlicher, ebenso ein Sofa mit nur teilweise gepolsterter Rückenlehne oder eine doch ziemlich harte Chaiselongue. In Frankreich benutzt man sie als Kopfkissen, und die kleineren sind oftmals eine äußerst nützliche Nackenstütze. Diese Nackenrolle ist mit einem Stoff mit Bienenmotiv bezogen, ihre Seitenteile sind wunderschön gefältelt. Sie wirkt zum Beispiel auf einem Sofa mit Knöpfen überaus elegant.

Material & Werkzeug

50 cm mit Bienenmotiv bestickter Stoff, 115 cm breit
50 cm einfarbiger Stoff, 115 cm breit
100 cm dicke, dekorative Borte
75 cm darauf abgestimmte dekorative Borte
25 cm einer weiteren, dritten Borte
Polster für eine Nackenrolle, 43 × 15 cm groß
Zirkel oder Bindfaden, Bleistift und Nadel
Schneiderkreide

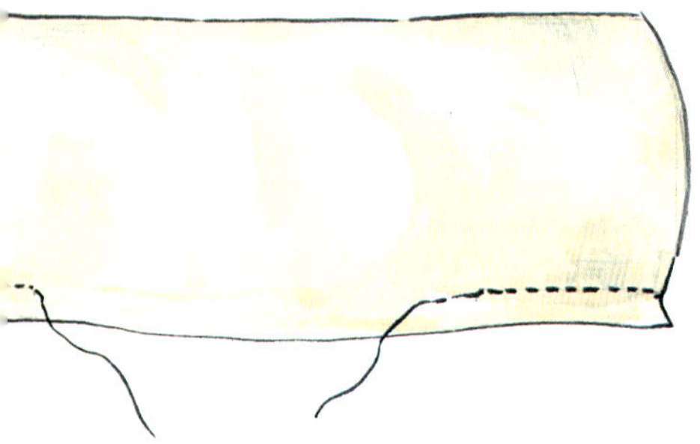

4 Für den Nackenrollenbezug aus dem mit Bienenmotiv bestickten Stoff ein 45 × 32 cm großes Stück zuschneiden. Dieses einmal der Länge nach rechts auf rechts auf die Hälfte zusammenlegen und mit der Maschine von beiden Enden der langen Seite, jeweils mit einer Saumzugabe von 1 cm, 10 cm zusammennähen.

5 Um den Bezug fertigzustellen, jeweils rechts auf rechts die gefältelten Scheiben mit einer Saumzugabe von 1 cm an die Enden der Nackenrolle heften und feststeppen. Die überstehende Kante der Rolle einschneiden, um das Ausbeulen zu verhindern.

6 Den Bezug umdrehen und gut ausbügeln, dann Innenkissen einziehen. Offene Naht mit Schlupfstich (s. Techniken, S. 102) schließen.

7 Für die Verzierung der Nackenrolle die dicke Borte an beiden Enden der Rolle mit einem Abstand von 5 cm nach innen versetzt mit der Hand festnähen. Anschließend den auf die erste Borte abgestimmten, weiteren Besatz auf den Saumnähten an jedem Ende festnähen.

8 Der letzte Arbeitsschritt besteht darin, aus der dritten Borte zwei Stücke zu festen Bällen zusammenzudrehen und mit ein paar Stichen zusammenzunähen. Mit der Hand in der Mitte jedes Seitenteils so annähen, daß die Schnittkanten verdeckt werden.

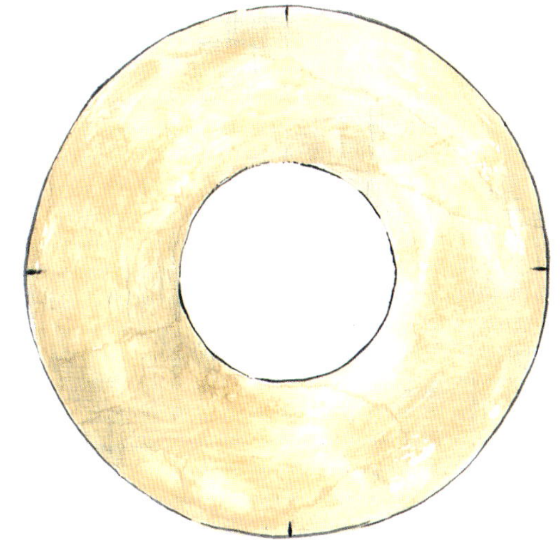

1 Für die Anfertigung der Seitenteile aus dem einfarbigen Stoff zwei Kreise mit einem Durchmesser von 30 cm ausschneiden. Stoffkreise zunächst auf die Hälfte falten, dann nochmals zusammenlegen und die entstehenden Teile mit Schneiderkreide markieren. Die beiden Scheiben wieder auffalten und in ihrer Mitte jeweils einen Kreis mit 13 cm Durchmesser einzeichnen. Erneut zweimal zusammenfalten und den inneren Kreis ausschneiden, so daß ein Ring entsteht.

2 Am äußeren Rand jeweils abwechselnd im Abstand von $2^1/_2$ bzw. 2 cm Punkte markieren. Jedes 2 cm breite Teilstück falten und unter ein $2^1/_2$ cm breites Teilstück legen, die Falten feststecken und 1 cm vom äußeren Rand entfernt anheften.

3 Im nächsten Arbeitsschritt die Falten rund um den inneren Ring sammeln, um das Loch in der Mitte zu schließen. Damit erhält man zwei Kreise für die Seitenteile der Nackenrolle. Die Falten mit festen Heftstichen annähen.

Getuftete Matratze mit Streifen

Dieses funktionelle Sitzpolster aus leuchtendblauem und cremefarbenem Leinen sieht aus wie eine Miniaturmatratze und ist die ideale Lösung, um Holz- und Metallbänke oder harte Fensterbretter bequemer zu machen. Man kann diese Matratze in jeder beliebigen Größe anfertigen, da der Kissenbezug selbst ausgestopft und getuftet wird.

Material & Werkzeug

100 cm blau-creme gestreifter Leinenstoff, 115 cm breit

genug Füllmaterial für ein fertiges Kissen der Größe 55 × 35 × 8 cm

grobes Leinengarn

Schneiderkreide

dicke Steppnadel

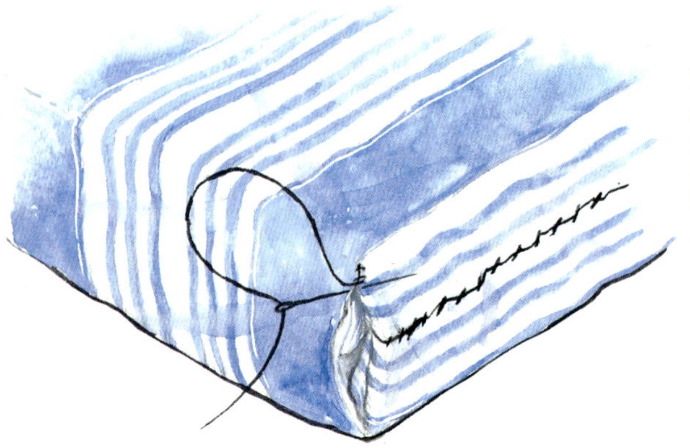

6 Die abstehenden Ecken in das Kissen stecken, so daß man zwei offene Säume erhält, und das Kissen an beiden Enden gleich breit und rundherum gleich hoch ist. Die Säume mit einem flachem Saumstich schließen.

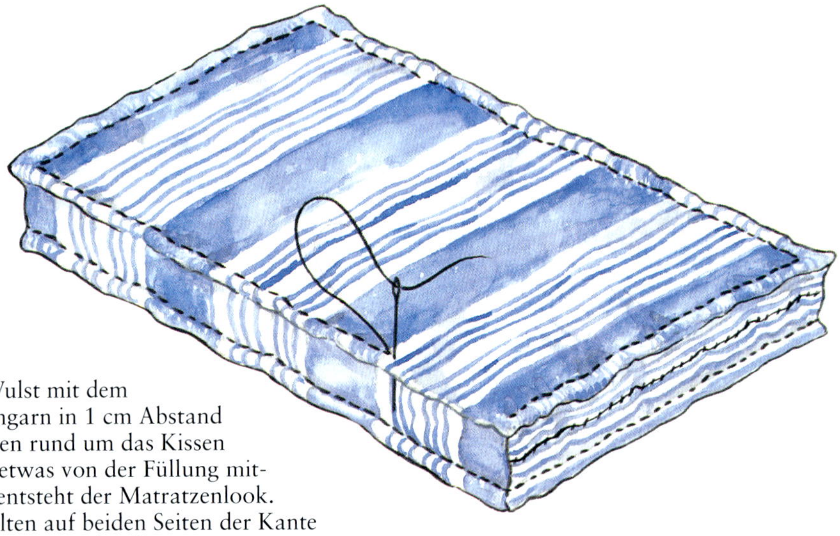

7 Für den Wulst mit dem groben Leinengarn in 1 cm Abstand von den Kanten rund um das Kissen nähen; dabei etwas von der Füllung miteinnähen, so entsteht der Matratzenlook. Die Stiche sollten auf beiden Seiten der Kante sichtbar sein. Vorgang für die untere Kissenplatte wiederholen.

8 Fertigstellen:
Aus dem übriggebliebenen Stoff 12 Quadrate mit einer Seitenlänge von $2^1/_2$ cm ausschneiden. Auf der oberen und unteren Kissenplatte sechs Punkte im gleichen Abstand und übereinanderliegend markieren, wo die Büschel (Quasten oder Knöpfe) angebracht werden sollen. Mit doppeltem Leinengarn und einer Steppnadel ein Quadrat an der unteren Kissenplatte festnähen. Die Nadel zur anderen Seite durchstechen, ein weiteres Viereck auf der oberen Kissenplatte festnähen und mit der Nadel wieder zur unteren Kissenplatte durchstechen. Das Garn festziehen und verknoten. Vorgang für die restlichen Büschel wiederholen.

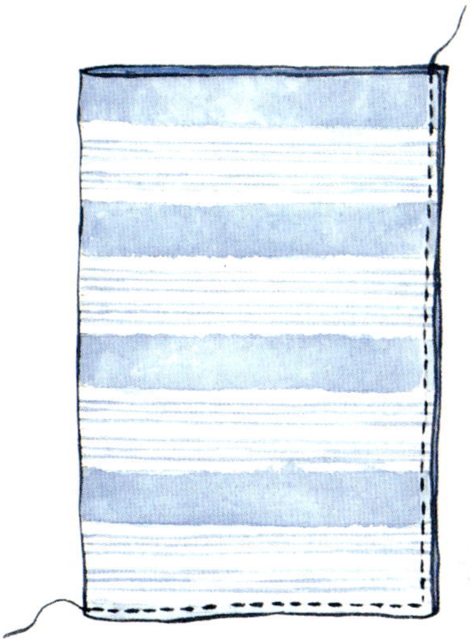

1 Zwei Stoffstücke in der Größe von 88 × 65 cm zuschneiden. Diese mit der schmalen Seite rechts auf rechts auf die Hälfte falten. Eine Längs- und eine Querseite mit Stecknadeln fixieren, heften und mit der Maschine steppen, dabei 1 cm Saum zugeben.

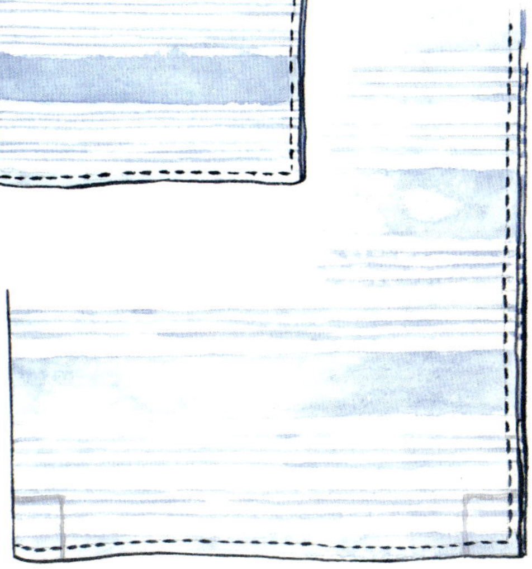

2 Um die Seiten der Matratze herzustellen, da Stoffstück auflegen und die zugenähten Enden mit zwei Markierungspunkten versehen: Die Punkte haben jeweils einen Abtand von 5 cm von der Schnittkante der Querseite, einer ist 4 cm von der gefalteten Längsseite und der andere 5 cm von der zugenähten Längsseite entfernt. Mit der Schneiderkreide auf beiden Seiten des Stoffes jeweils von beiden Kanten aus im rechten Winkel dazu zwei Saumlinien ziehen.

3 Die markierten Punkte auf jeder Stoffseite zwischen Daumen und Zeigefinger nehmen und in die entgegengesetzte Richtung ziehen. Die rechtwinklige Saummarkierung bildet eine Linie, und die in Arbeitsschritt 1 angefertigte Saumnaht läßt sich entfalten. Feststecken und zwischen den auf einer Linie liegenden Punkten gerade mit der Maschine steppen, so bekommt die Matratze ihre Dicke von 8 cm. Vorgang an der gegenüberliegenden Ecke wiederholen.

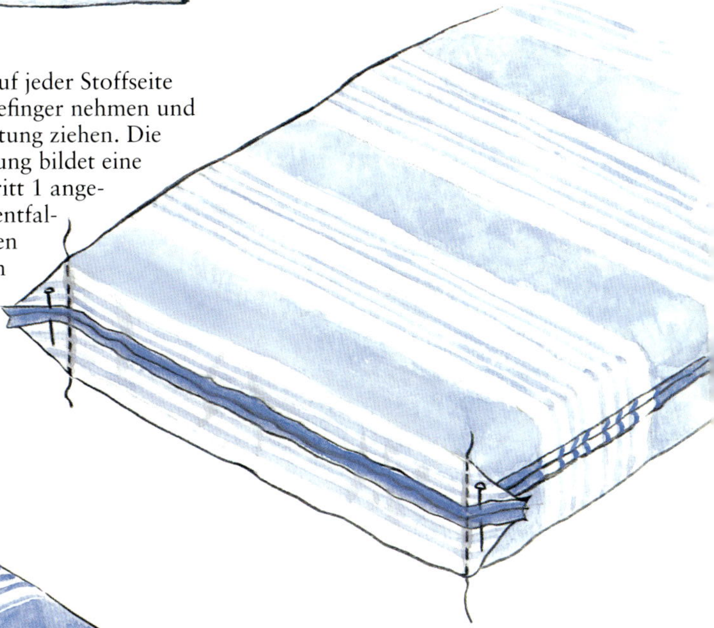

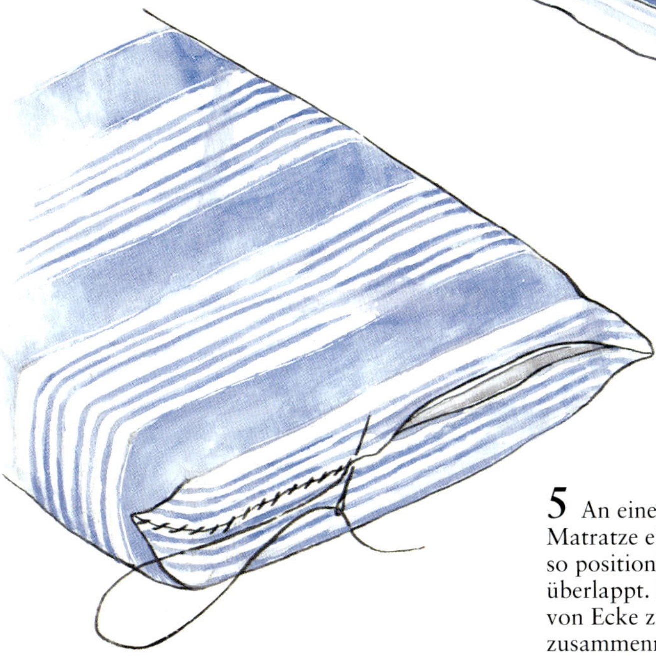

4 Den Bezug auf rechts drehen und so viel Füllmaterial hineingeben, daß das Kissen nicht zu hart wird.

5 An einer Kante der offenen Seite der Matratze einen 1 cm breiten Saum falten und so positionieren, daß er die andere Schnittkante überlappt. Die obere Kante mit der unteren von Ecke zu Ecke mit einem Schlupfstich sauber zusammennähen.

Sitzkissen mit Bommel

Runde Sitzkissen gibt es auch fertig zu kaufen, oft sind diese aber platt wie ein Pfannkuchen. Das hier abgebildete Rundkissen aus cremefarbenem Musselin mit Tupfen sieht mit der zweireihigen Bommelkante als Accessoire sowohl für rustikale als auch für moderne Möbel einfach himmlisch aus. Die Anfertigung ist nicht ganz einfach, daher ist es sehr wichtig, die einzelnen Schritte genau nachzuarbeiten.

Material & Werkzeug

150 cm getupfter Musselinstoff, 150 cm breit

250 cm Kordel

250 cm Bommelkante

38 cm runde Polsterfüllung, 10 cm tief

Heftgarn in Kontrastfarben

7 Um die Ober- und die Unterseite des Kissens zu raffen, zuerst einen kleinen Kreis mit einem Durchmesser von 4 cm in der Mitte eines jeden runden Stoffstückes mit Reihstichen kennzeichnen. Anschließend einen Kreis im Abstand von 1 cm vom äußeren Rand mit Reihstichen nähen. Alle Falten der Reihe nach einziehen, so daß die beiden runden Stoffteile in die Umrandung passen und die Markierungspunkte aufeinanderliegen.

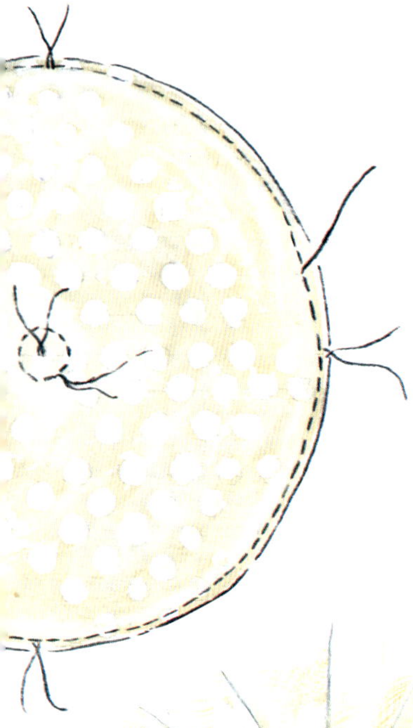

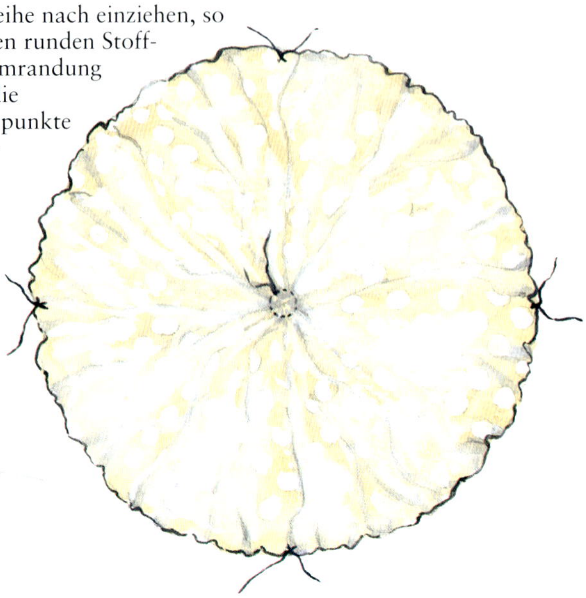

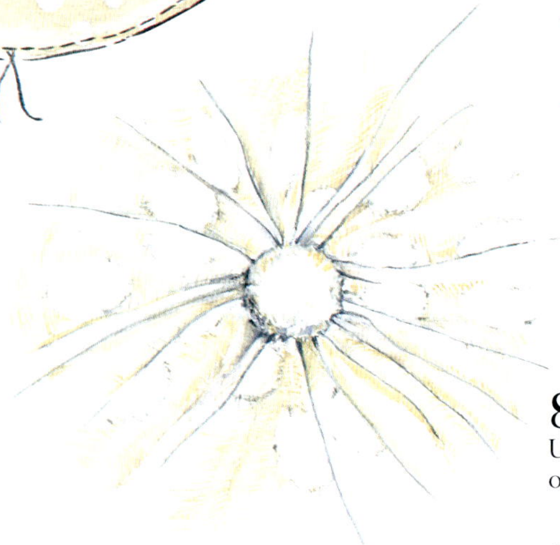

8 Auf die Mitte der beiden Ober- und Unterteile mit der Hand einen Bommel oder Knopf nähen.

9 Zur Fertigstellung des Kissens alle drei Teile auf links drehen. Die rechten Seiten aufeinanderlegen, so daß alle Markierungen an den Kanten aufeinanderliegen, die obere Hälfte des Kissens an der Umrandung feststecken, heften und mit der Maschine steppen, dabei 1 cm Saum zugeben. Ebenso die untere Hälfte des Kissens fertignähen, dabei jedoch eine Öffnung von 30 cm lassen.

10 Auf die rechte Seite drehen, das Innenkissen einziehen und zunähen.

1 Für die obere bzw. die untere Kissenplatte aus dem Stoff zwei Kreise mit einem Durchmesser von 45 cm ausschneiden. Für den Einsatz an der Seite einen Streifen mit den Maßen 13 × 123 cm ausschneiden.

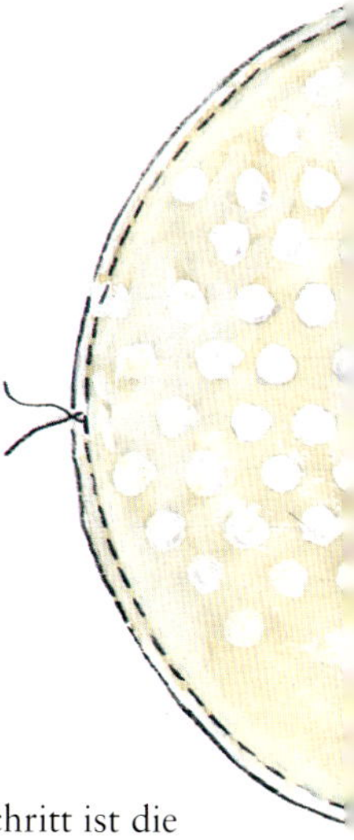

2 Den Seitenstreifen mit der rechten Seite nach oben auflegen. Die Bommelkante in zwei gleich große Teile schneiden und jeweils auf den Schnittkanten des Seitenstreifens so auflegen und mit Stecknadeln fixieren und aufheften, daß die Kanten genau ausgerichtet sind.

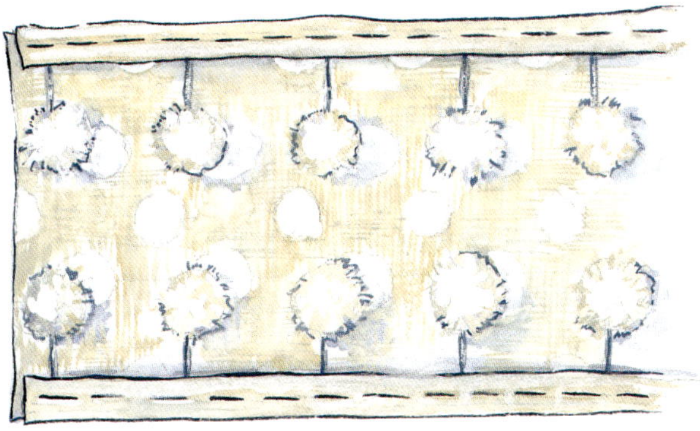

3 Der nächste Schritt ist die Herstellung der Paspelierung, indem aus dem Stoff schräg zum Fadenlauf zwei Stücke mit den Maßen $2\frac{1}{2}$ cm × 123 cm zugeschnitten werden (siehe Techniken, S. 103). Daraus zwei Paspeln anfertigen.

4 Die Paspel so über die Bommelkante legen, daß die Schnittkanten von den Bommeln wegweisen. Feststecken, anheften und mit der Maschine durch alle drei Lagen steppen. Mit der anderen Seite genauso verfahren.

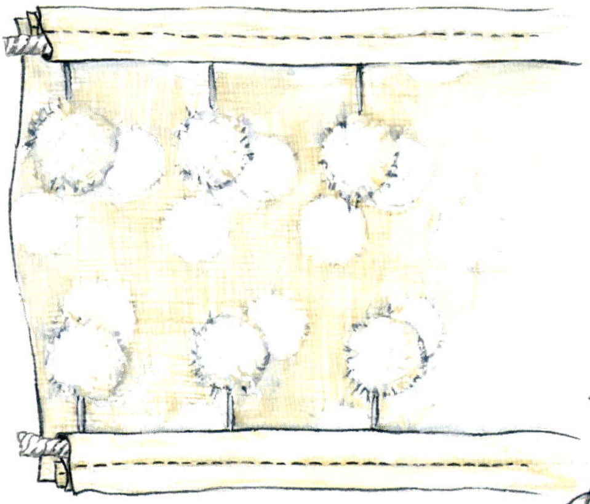

5 Zum Zusammennähen der offenen Enden des Seitenstreifens die kurzen Enden der rechten Seiten zusammenlegen und mit der Maschine mit einer Nahtzugabe von 1 cm steppen. Den Saum bügeln. Somit ist die Umrandung fertiggestellt.

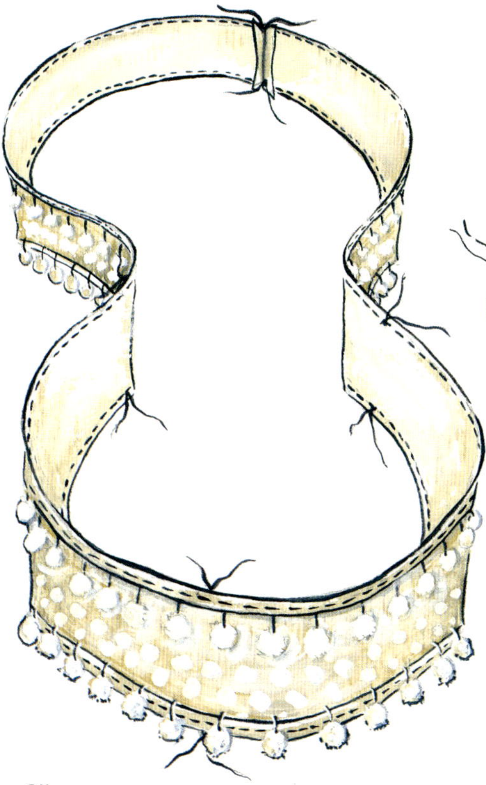

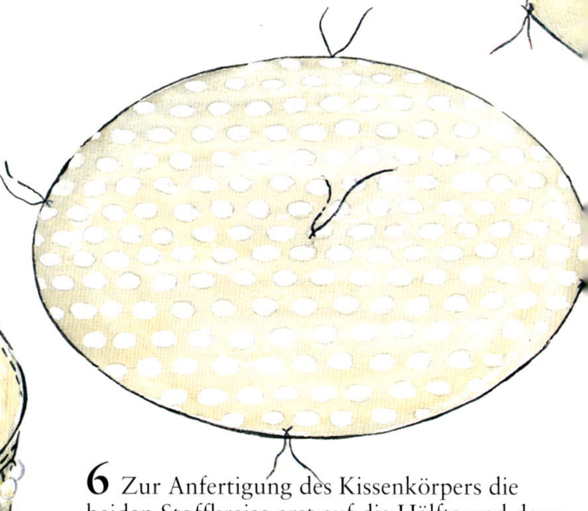

6 Zur Anfertigung des Kissenkörpers die beiden Stoffkreise erst auf die Hälfte und dann nochmals zusammenlegen und die Mittelpunkte mit einem Stich in einem andersfarbigen Garn markieren, dann genauso jedes Viertel an den Rändern kennzeichnen. Mit den so gekennzeichneten Punkten die Umrandung um die vier Punkte an der oberen und unteren Kante in vier Teile teilen und markieren.

Oben links: Eine wollene Bommelkante schmückt dieses im beige-roten Leopardenlook bedruckte Kissen.
Oben Mitte: Eine ganz ungewöhnliche Troddel aus weichem Samt und Chenille in großartiger violett-goldener Schattierung baumelt an der Ecke eines gestreiften Organdy-Kissens.
Oben rechts: Die längliche Form dieses Polsters wird durch das Harlekinmuster des Stoffes besonders hervorgehoben. Die Kanten sind mit Quastenborten aus Baumwolle besetzt.
Rechts: Dieses eindrucksvolle Kissen ist aus burgundfarbener Wolle. Das königliche Wappen wurde direkt auf die obere Kissenplatte genäht und wird durch die Goldpaspelierung und die Schlaufen an den Ecken wunderschön unterstrichen.

Oben: Gaufrierte goldene Disteln auf weinfarbenem Samt, besetzt mit zweifarbiger Schnur und Quasten.
Links: Eine Patchworkarbeit aus wertvoller, luxuriöser Seide, besetzt mit einem Goldband und umrahmt mit vielfarbigen üppigen Quasten.
Unten links: Eine Chenilleborte verleiht einem gaufrierten, mit Samtstreifen versehenen Baumwollkissen ein schickes Aussehen.
Unten Mitte: Schwerer Damast, verziert mit einer dünnen Borte.
Unten rechts: Juwelfarbene Wolle und Mohair zum Warmhalten.

Material & Verarbeitung

Es gibt ein unglaublich großes Angebot an verschiedensten Stoffen. Und wenn Sie über die drei herkömmlichen Grundelemente von Stoff – Farbe, Muster und Beschaffenheit – hinausdenken, werden Sie feststellen, daß es vielfältige Möglichkeiten gibt, mit diesen drei Elementen zu spielen, um dekorative Effekte zu erzielen. Ausgeklügelte Kombinationen von Kontrasten und unterschiedlichen Stoffen können zu sensationellen Ergebnissen führen.

Ganz oben: Ein üppiges Samtkissen mit Harlekinmuster und neuartigen Troddeln liegt auf einem Damastkissen in Gold.
Oben: Antike handgearbeitete Kissen sind sehr beliebt und daher immer schwerer erhältlich. Dieses bezaubernde alte Stück ist mit einem goldenen Band und einer Quastenborte besetzt.
Links: Farbvariationen: Burgund und Grasgrün in unterschiedlichen Stoffbeschaffenheiten – oben preisgünstiger Filz und unten rauhes Sackleinen.

Quadrate aus Streifen

Dieses Kissen verleiht einem Tagesbett oder einem Sofa einen Hauch von Noblesse. Stimmen Sie Material und Quaste auf die farbliche Gestaltung des Raumes ab, oder vielleicht lassen Sie es ganz für sich alleine wirken, beispielsweise, um eine etwas langweilige Ecke zu beleben. Zur Anfertigung des Kissens werden vier Dreiecke zu einem Quadrat zusammengesetzt.

Material & Werkzeug

125 cm gestreifter Baumwollstoff, 115 cm breit

70 cm dicke Paspelkordel

dekorative Quaste

Innenkissen, 45 cm im Quadrat

Lineal

4 Zur Anfertigung der hinteren Kissenplatte ein Stoffstück, das 15 cm breiter und 25 cm länger als das 45 cm große vordere Teil ist, zuschneiden. Auf die Hälfte falten, bügeln und in zwei gleich große Teile schneiden.

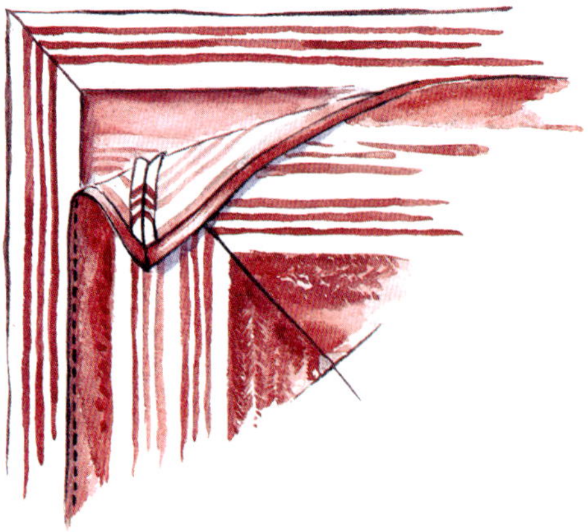

5 Diese beiden Teile rechts auf rechts übereinanderlegen. Mit Nadeln feststecken, heften und mit der Maschine entlang einer der beiden Längsseiten mit einer Saumzugabe von 5 cm zusammensteppen, in der Mitte eine 35 cm lange Naht zum Ausstopfen offenlassen. Bügeln.

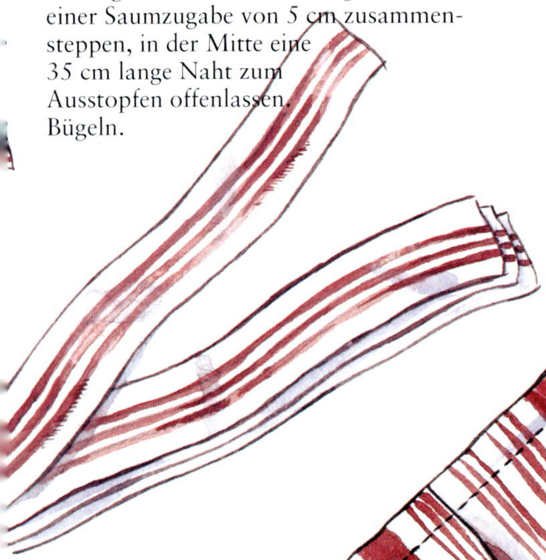

9 Die Arbeit umdrehen, so daß die rechte Seite der Umrandung oben liegt. Die vordere Kissenplatte mit der rechten Seite nach oben so legen, daß sie in die Umrandung paßt. Alle Schnittkanten der vorderen Kissenplatte 1 cm umschlagen und 5 cm von der inneren Kante der Umrandung feststecken. Ganz vorsichtig mit der Maschine an der Kante entlangsteppen, dabei die Umrandung und die hintere Kissenplatte miteinnähen.

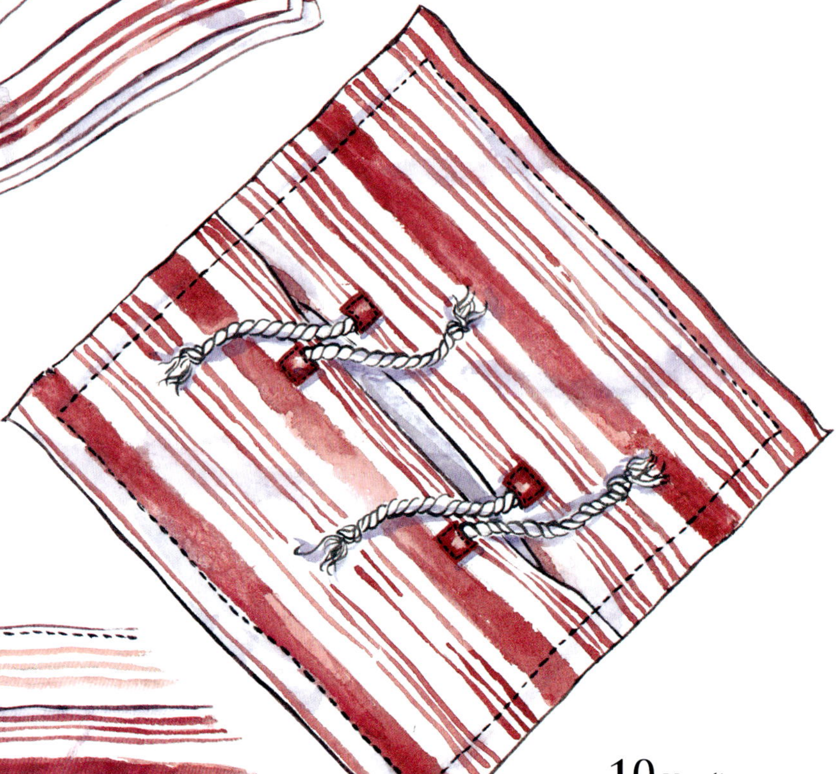

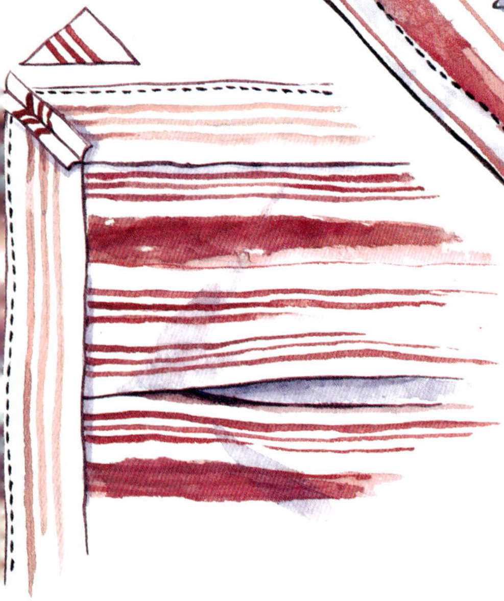

10 Um die Öffnung auf der Rückseite zu schließen, vier quadratische Stoffstücke mit einer Kantenlänge von 1 1/2 cm ausschneiden. Rundum 1/2 cm umschlagen. Bügeln und mit der Maschine auf die hintere Kissenplatte nähen, dabei eine schmale Öffnung lassen. Die Kordel einstecken, die Öffnung zunähen und die Enden der Kordel verknoten. Die Quaste mit ein paar Handstichen auf die vordere Kissenplatte nähen.

1 Zur Herstellung der vorderen Kissenplatte aus einem Stoffstück vier gleiche Dreiecke mit den Abmessungen 47 × 33 × 33 cm ausschneiden, 1 cm Nahtzugabe ist dabei berücksichtigt.

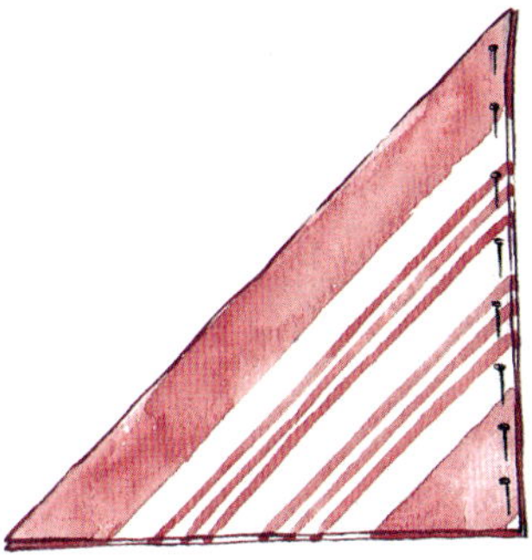

2 Zwei Dreiecke rechts auf rechts aufeinanderlegen. Die Streifen aneinanderlegen, mit Stecknadeln fixieren, heften und mit der Maschine mit einer Saumzugabe von 1 cm zusammensteppen. Vorgang mit den anderen beiden Dreiecken wiederholen. Die Säume auseinanderklappen und gut ausbügeln.

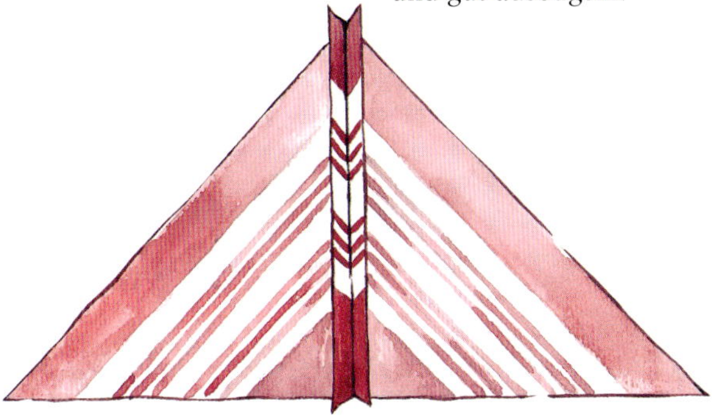

3 Die beiden gesäumten Dreiecke rechts auf rechts aufeinanderlegen. Die Streifen sorgfältig ausrichten, stecken, heften und mit der Maschine an der langen Kante entlangsteppen. Die aneinanderliegenden Säume gut ausbügeln.

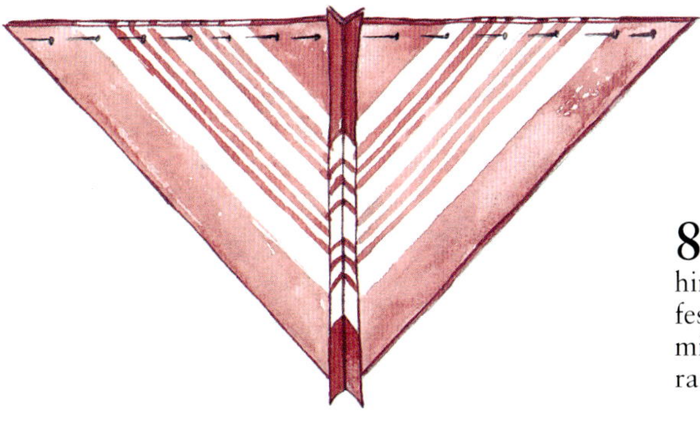

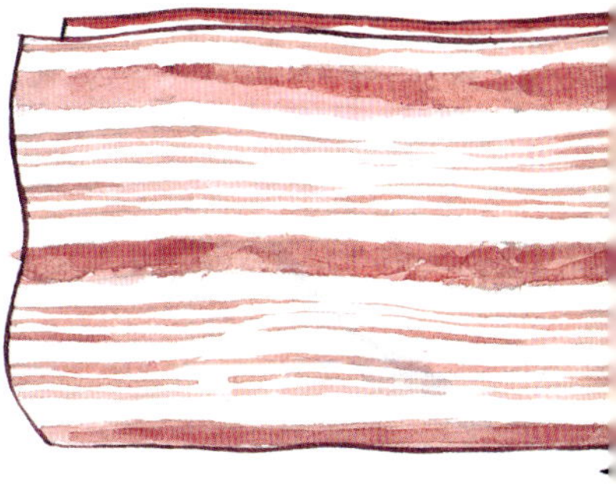

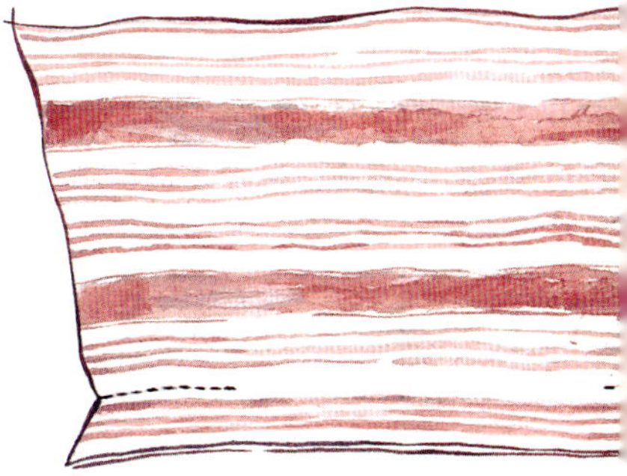

6 Aus dem gestreiften Stoff vier rechteckige Streifen mit den Abmessungen 8 × 58 cm so zuschne
den, daß die Streifen parallel zu den Längsseiten in der Mitte liegen.

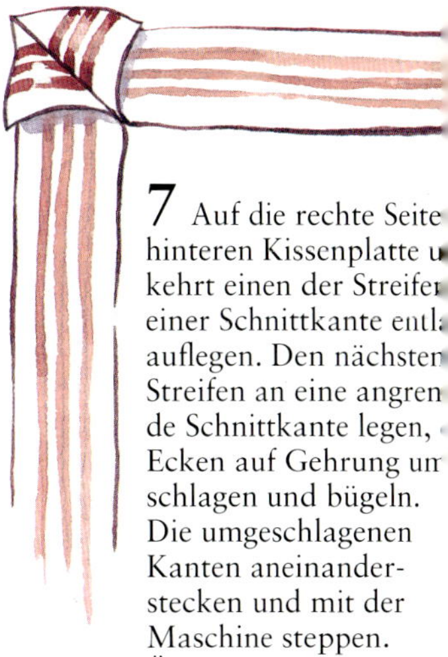

7 Auf die rechte Seite
hinteren Kissenplatte u
kehrt einen der Streife
einer Schnittkante entl
auflegen. Den nächsten
Streifen an eine angren
de Schnittkante legen,
Ecken auf Gehrung um
schlagen und bügeln. Die umgeschlagenen Kanten aneinanderstecken und mit der Maschine steppen. Überstehendes Materia
mit 1 cm Saumzugabe abschneiden. Vorgang an allen vier Ecken wie
derholen und ausbügel

8 Die Umrandung links auf rechts auf die
hintere Kissenplatte legen. Die Außenkante
feststecken und mit einer Saumzugabe von
mit der Maschine aneinandersteppen. Die
randung auf rechts drehen und bügeln.

Aus Bändern geflochtenes Kissen

Dieses aufwendige Kissen wird im Korbflechtverfahren hergestellt. Sieben Samtbänder in unterschiedlichen Farben werden in gleich lange Streifen geschnitten und über die vordere Kissenplatte geflochten. Diese Grundidee kann auch beliebig variiert werden, indem nur zwei oder drei Farben gewählt werden, um so ein Schachbrettmuster zu erhalten; oder man nimmt nur eine Farbe und läßt die Flechtarbeit an sich wirken. Die Samttroddeln an den Ecken verstärken den perfekten Eindruck.

Material & Werkzeug

50 cm Samt, 115 cm breit

50 cm dünner Futterstoff

sieben verschiedenfarbige Samtbänder, 2,5 cm breit, mit einer Gesamtlänge von 18 m

200 cm Samtpaspel

4 Troddeln

Innenkissen, 45 cm im Quadrat

Reißverschluß, 45 cm lang

7 Die Samtpaspel entlang des Umfangs auf der rechten Seite der hinteren Kissenplatte verlegen und die Schnittkanten ausrichten. Mit Stecknadeln fixieren und aufheften.

8 Reißverschluß öffnen, beide Kissenplatten rechts auf rechts übereinanderlegen und alle Lagen möglichst nahe an der Paspelierung zusammenstecken, heften und alle Lagen zusammennähen. Ecken zurückschneiden und Schnittkanten versäubern, damit sie nicht ausfransen (siehe Techniken, S. 102).

9 Kissenbezug umdrehen, Innenkissen einziehen und Reißverschluß schließen. Mit einigen kleinen Handstichen die Troddeln an den Ecken festnähen.

1 Für die Flechtarbeit auf der vorderen Kissenplatte 48 cm lange Streifen aus allen Farben zuschneiden. Es dürfen ruhig von einigen Farben mehr Streifen vorhanden sein, dies verbessert den optischen Eindruck. Ein 48 × 48 cm großes Stück aus dem Futterstoff zuschneiden.

2 Die einzelnen Streifen mit der rechten Seite nach oben an einer Schnittkante des Futterstoffes mit Nadeln fixieren, dabei 1 cm auf jeder Seite frei lassen. Die Farben willkürlich anordnen. Die Bänder mit einer Saumzugabe von 1 cm oben anheften und aufsteppen.

3 Oben beginnen und die restlichen Bänder horizontal einflechten, indem sie quer unter und über die senkrechten Bänder gezogen und an den Seiten festgesteckt werden. Jedes Band fest gegen das darüberliegende drücken. Die Farben abwechseln, um ein willkürliches Muster zu erhalten.

4 Sind alle Bänder miteinander verflochten, die drei offenen Seiten heften

5 Für die hintere Kissenplatte aus dem Samtstoff zwei Teile der Größe 48 × 25 cm zuschneiden. Beide Teile rechts auf rechts übereinanderlegen und an einer der Längsseiten mit einer Saumzugabe von 2½ cm von beiden Ecken jeweils 5 cm nach innen nähen. Saum aufklappen und ausbügeln.

6 Den geschlossenen Reißverschluß mit der rechten Seite nach oben genau mittig unter die Öffnung zwischen die beiden Säume legen. Sicherstellen, daß der Stoff exakt über der Mitte des Reißverschlusses schließt. Feststecken, anheften und beide Seiten des Reißverschlusses untersteppen.

Kissen mit gerüschter Blende

Die Textur von stone-washed Seide ist einzigartig. Bei diesem Kissen ist Seide in gedämpften Blau- und Violettönen zu einem Streifenmuster kombiniert. Die Umrandung in Form einer breiten, leicht gerüschten Blende in Verbindung mit der Textur des Stoffes gibt dem Kissen ein knautschiges, extravagantes Aussehen, das einem Zimmer einen Hauch von Luxus verleiht.

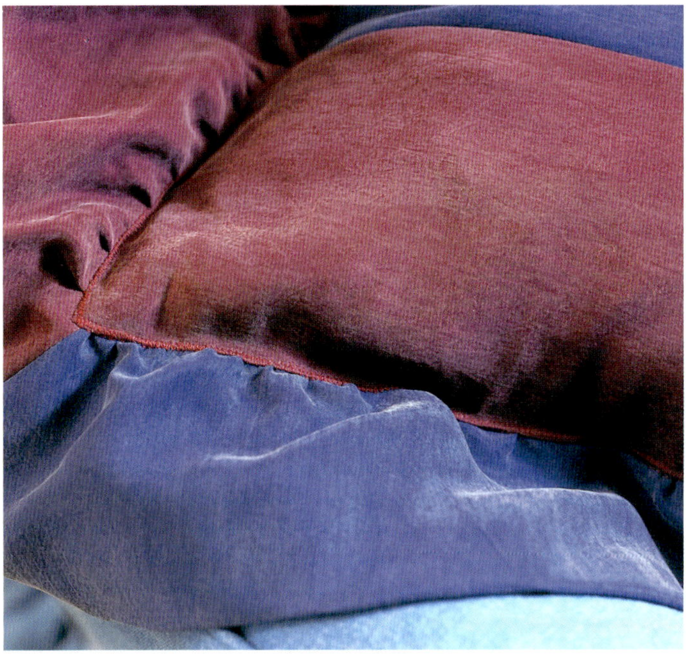

Material & Werkzeug

100 cm violette stone-washed Seide, 115 cm breit

75 cm blaue stone-washed Seide, 115 cm breit

Innenkissen, 45 cm im Quadrat

8 Die fertiggestellte Blende wenden und an den gefalteten Seiten zu einem Viereck ausbügeln.

9 Zum Rüschen der Blende muß jede Schnittkante in Falten gelegt werden. Dazu 1 cm nach innen versetzt durch beide Lagen zwei eng nebeneinanderliegende Reihen mit Reihstichen nähen. Die Nähte ganz vorsichtig zusammenziehen, bis der innere Rand 48 cm mißt.

10 Die hintere Kissenplatte mit der rechten Seite nach oben auflegen. Die Blende so darauflegen, daß die gefältelten Kanten genau auf den Schnittkanten der Kissenplatte liegen. Stecken, heften und mit einer Nahtzugabe von 1 cm steppen.

11 Die Blende auf ihrer Außenseite bügeln, dann die Arbeit umdrehen und die Säume zur Mitte hin bügeln.

12 Die vordere Kissenplatte links auf links auf die hintere Kissenplatte legen, so daß die eingeschlagenen Kanten der vorderen genau auf der Saumnaht der hinteren Kissenplatte liegen. Die beiden Teile mit Nadeln feststecken, heften und schließlich mit einem engen Zickzack- oder alternativ mit einem Oberflächenstich ganz nah an der Kante der vorderen Kissenplatte entlang zusammennähen.

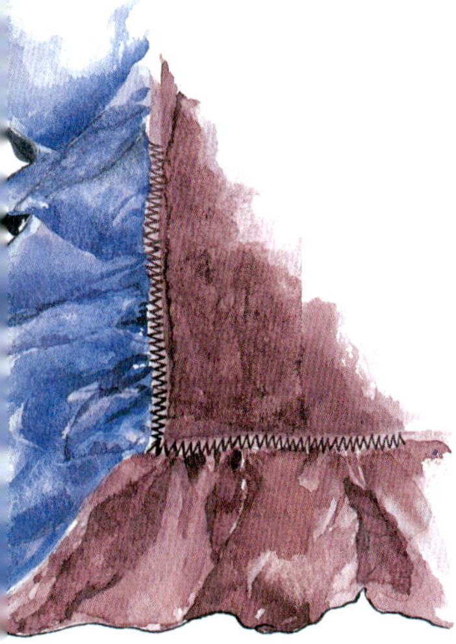

13 Den Kissenbezug bügeln, das Innenkissen durch die Blende auf der Rückseite einziehen und die Öffnung zuziehen.

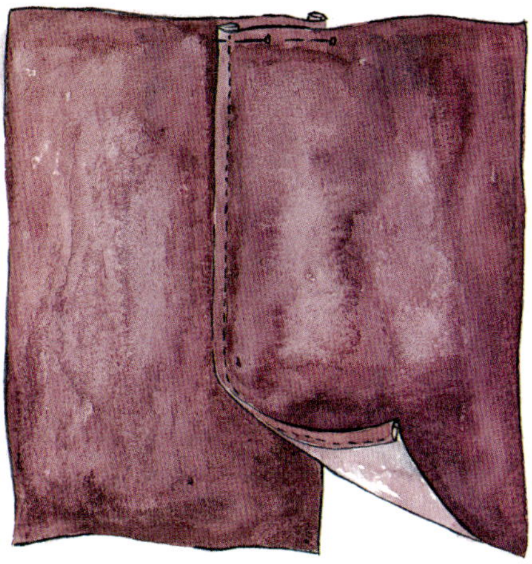

1 Für die Anfertigung der hinteren Kissenplatte zwei Teile mit den Abmessungen 48 × 30 cm aus der violetten Seide zuschneiden. Bei beiden Teilen an je einer der Längsseiten einen doppelten Saum von 1/2 cm Breite umschlagen, feststecken, heften, mit der Maschine steppen.

2 Teile so übereinanderlegen, daß sich die gesäumten Kanten um 10 cm überlappen, mit Stecknadeln fixieren und die beiden übereinandergelegten Kanten anheften. Die hintere Kissenplatte muß nun das Maß 48 × 48 cm und eine breite Blende zum Ausstopfen und Verschließen des Kissens haben.

3 Für die vordere Kissenplatte zwei Teile der Größe 16 × 48 cm aus der violetten Seide und ein 19 × 48 cm großes Stück aus der blauen Seide zuschneiden.

4 Diese drei Streifen mit der rechten Seite nach oben und dem blauen Streifen in der Mitte der Länge nach nebeneinanderlegen. Den blauen Streifen mit einer Saumzugabe von 1 cm an einen der violetten Streifen feststecken, heften und mit der Maschine ansteppen. An allen vier Seiten einen Saum von 1 cm einschlagen und festheften. Damit ist die vordere Kissenplatte fertiggestellt.

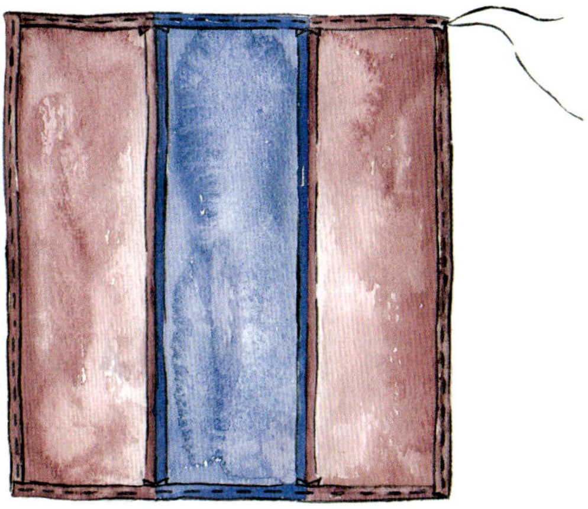

5 Zur Herstellung der Blende von jeder Farbe des Seidenstoffes zwei Streifen der Größe 23 × 82 cm zuschneiden. Die Streifen jeweils der Länge nach links auf links auf die Hälfte falten und zur Markierung die Bruchkanten bügeln.

6 Die Streifen mit der linken Seite nach oben auffalten. Jedes Ende in Form einer Mitra falten, indem die Ecken eingeschlagen und gebügelt werden. Entlang der gebügelten Kanten zu dreieckigen Spitzen schneiden.

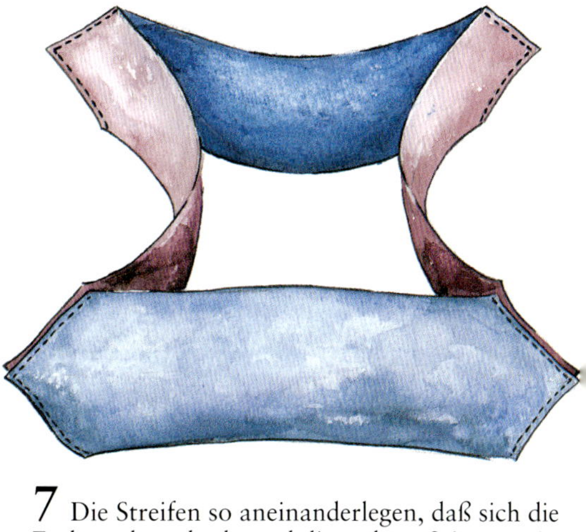

7 Die Streifen so aneinanderlegen, daß sich die Farben abwechseln und die rechten Seiten aneinanderliegen. Die Ecken mit einer Saumzugabe von 1 cm mit Stecknadeln fixieren, heften und steppen

Patchworkkissen aus Samt

Die schon sehr alte Patchworkkunst hat nichts von ihrer Attraktivität verloren. Das abgebildete Kissen zeigt ein Puzzle von Samtzuschnitten, einige davon sind schon leicht abgewetzt und abgetragen. Die Stücke wurden in einer willkürlichen Anordnung zusammengenäht, die Nähte mit einem dekorativen Federstich in einer auffallenden Farbe überstickt. Dieses Kissen können Sie auch sehr gut mit Seide nacharbeiten.

Material & Werkzeug

verschiedenfarbige Samtstoffe, ausreichend für eine Kissenplatte von 40 × 45 cm

50 cm Samt, 115 cm breit für die hintere Kissenplatte

200 cm Kordel

Stickgarn in einer Kontrastfarbe

Innenkissen, 40 × 45 cm

je ein Blatt Zeichen-, Paus- und dickes Papier

Sticknadel

5 Sind alle Teile zusammengesetzt, alle Nähte mit einem Federstich übernähen (siehe Techniken, S. 101).

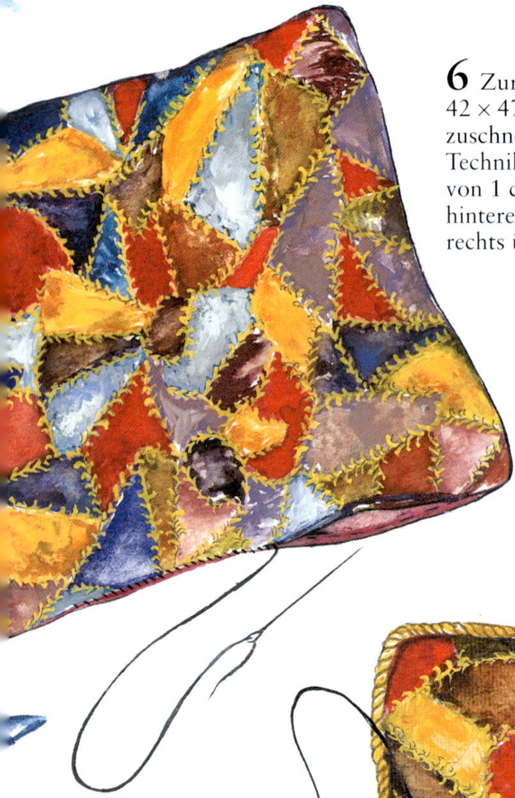

6 Zur Anfertigung der hinteren Kissenplatte ein 42 × 47 cm großes Stück aus dem Samtstoff zuschneiden. Die Schnittkanten versäubern (siehe Techniken, S. 102), auf der linken Seite einen Saum von 1 cm einschlagen und gut ausbügeln. Die hintere und die vordere Kissenplatte rechts auf rechts übereinanderlegen.

7 Die beiden Kissenplatten an drei Seiten mit der Hand mit einem Überwendlichstich (siehe Techniken, S. 101) zusammennähen.

8 Kissenbezug auf rechts drehen und das Innenkissen einziehen. Die offene Naht mit einem Saumstich bis auf eine kleine Lücke schließen, in diese ein Ende der Kordel hineinstecken.

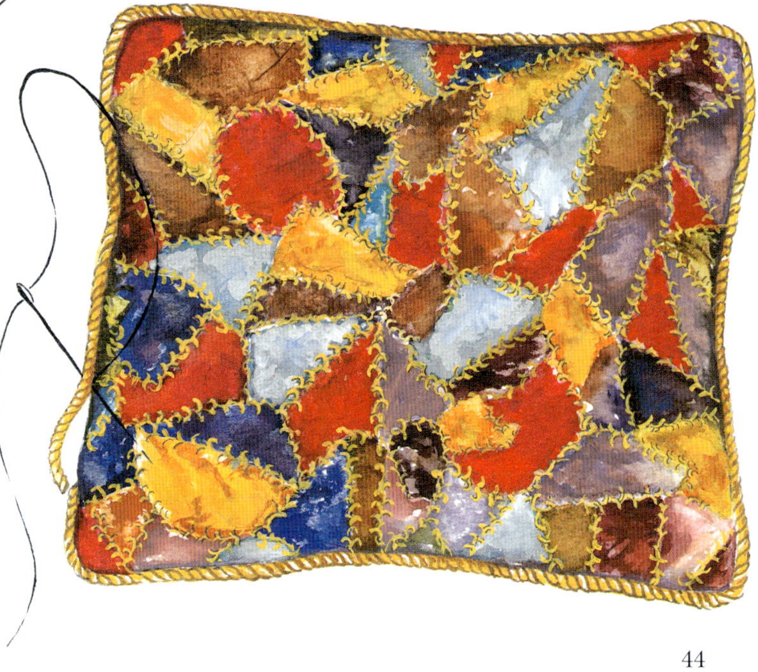

9 Die Kordel auf die ichtige Größe zuschnei-len und mit der Hand ım Rand des Kissen-bezuges entlang fest-ıähen, das andere Ende n die Lücke stecken ınd zunähen.

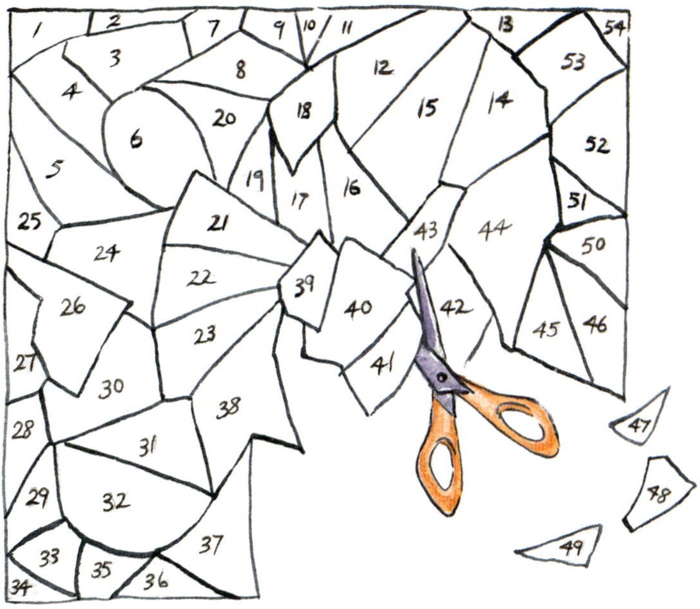

1 Für die Herstellung der vorderen Kissenplatte auf einem 40 × 45 cm großen Blatt Papier ein Muster aus unregelmäßig geformten Teilen entwerfen. Dieses dann auf das dickere Papier übertragen und vor dem Ausschneiden jedes Teil numerieren. Auch die Rückseite mit der jeweils gleichen Nummer versehen.

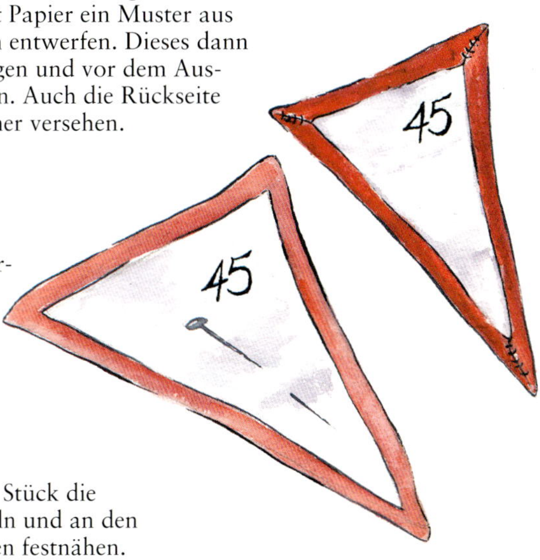

2 Die ausgeschnittenen Papierstücke mit der Vorderseite nach unten auf die linke Seite der verschiedenfarbigen Samtstücke stecken und mit einer Saumzugabe von 1/2 cm ausschneiden.

3 Auf jedem zugeschnittenen Stück die Nahtzugabe einschlagen, bügeln und an den Ecken mit ein paar Handstichen festnähen.

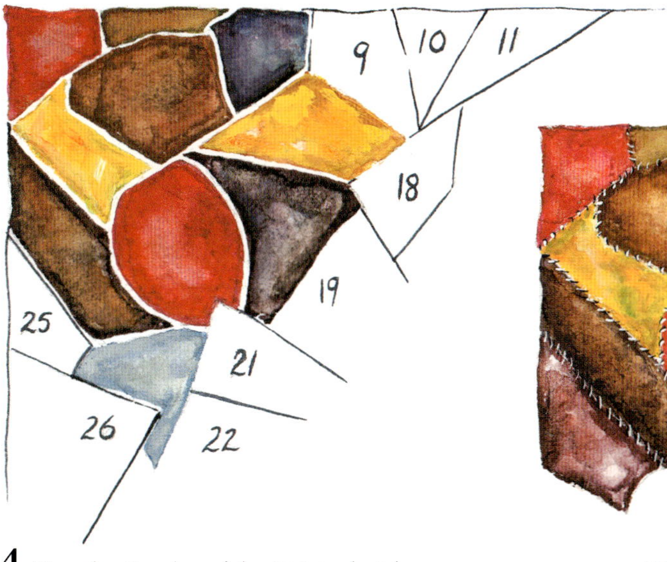

4 Nun das Puzzle auf der Originalzeichnung zusammensetzen. Hierbei von oben nach unten arbeiten. Die einzelnen Stücke mit einem Schlupfstich zusammennähen, vorher jeweils die Vorlagen entfernen.

Links: Diese weichen und kuscheligen Kissen aus Vlies sind eingefaßt mit einer in kontrastfarbenem Garn mit Langettenstich genähten Umrandung.

Oben: Ein frischer Kissenbezug im Landhausstil mit einer leicht gerafften Rüsche, die aus einem einzigen Stück und mit einem schmalen Saum gearbeitet wurde.
Oben rechts: Eine breite, abgesteppte Blende wurde mit einem groben Leinengarn an einen schlichten Kissenbezug aus Leinen genäht.

Mitte rechts: Antik gestreifter Leinenstoff so aneinandergefügt, daß er ein Muster bildet, eingefaßt mit einer schmalen roten Paspelierung.
Rechts: Ein weißes dreieckiges Kissen mit khakifarbener, stark geraffter Borte aus gewickeltem Rupfenband.

Gegenüberliegende Seite, oberste Reihe von links:
Ein Damastkissen mit einer stark gerüschten Umrandung aus feinster Organzaseide – der wahre Luxus. Ein dünnes, schlichtes Leinenkissen mit gerüschter, blaßblauer Borte. Geraffte Bordüren aus Bändern aus klassisch-schick gestreiftem Leinen.

Bordüren & Einfassungen

Ein ansonsten eher unauffälliges Kissen kann durch eine entsprechende Einfassung zum Blickfang werden. Bordüren gibt es in allen nur erdenklichen Farben und Formen – sowohl zarteste Paspeln als auch theatralische Rüschen und Blenden sind wesentliche Stilmerkmale eines Kissens.

Oben: Zwei aus antikem Leinenstoff angefertigte Kissen: Eines mit einer Knopfleiste wie ein Kopfkissenbezug mit bezogenen Knöpfen; das andere mit einer tiefen Verschlußblende auf der Oberseite, bei der für Vorder- und Rückseite der gleiche Stoff rechtwinklig zueinander angeordnet wurde. *Oben rechts:* Eine elegante Blende in Wellenform, eingefaßt mit einer schmalen Paspelierung aus kontrastreichem roten Garn, vermittelt eine saubere Verarbeitung, die die Bogenform betont. *Mitte rechts:* Leinene Geschirrtücher aus der Küche zu außergewöhnlichen Kissen mit natürlicher Blende verarbeitet. *Rechts:* Eine über eine dicke Paspelkordel eng gerüschte Bordüre aus rotem Stoff.

Festons und Zickzacks

Zeitlos und altbekannt sind Festons und Zickzacks zur Verzierung von Stoffen. Diese wirkungsvollen Festons aus Naturleinen in beige bzw. weiß sehen frisch und modern aus und passen zu vielen Größen und Formen. Die folgenden Arbeitsanweisungen beziehen sich auf Festons, sind aber auch auf die Anfertigung von Zickzacks übertragbar.

Material & Werkzeug

50 cm beiges Leinen, 115 cm breit

50 cm weißes Leinen, 115 cm breit

Innenkissen, 45 cm im Quadrat

Zirkel oder Kreisschablone

Lineal

8 Die offene, gesäumte Nahtzugabe des obe-
en Teils von der rechten Stoffseite aus in
inem Abstand von 3 cm zur Mitte feststep-
en, so daß die Naht jeweils 8 cm von beiden
chnittkanten entfernt endet.

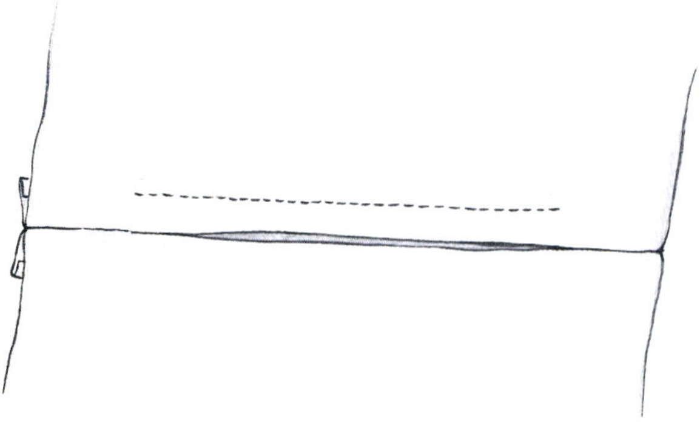

9 Nun die hintere Kissenplatte so bügeln, daß beide Nahtzugaben auf dem oberen Stoffstück liegen.

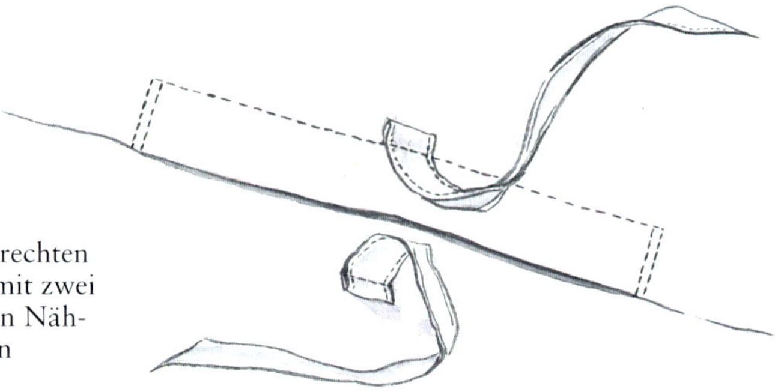

10 Die hintere Kissenplatte mit der rechten
Seite nach oben auflegen. Die Blende mit zwei
eng nebeneinanderliegenden, parallelen Näh-
ten, die 3 cm von der Mitte nach innen
reichen und 8 cm von den Seiten
entfernt beginnen,
fertigstellen.

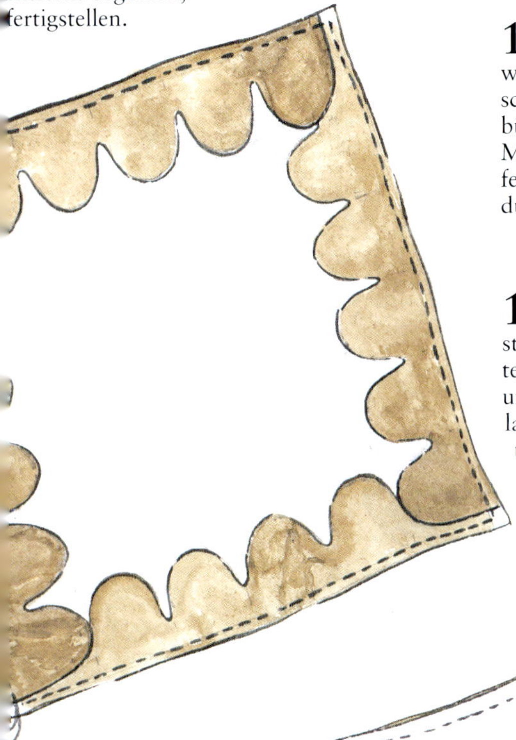

11 Für die Anfertigung der Bänder zwei weiße Streifen in der Größe 2 × 30 cm zuschneiden. Die Längsseiten säumen und bügeln. Jeweils ein Band an einem Ende in der Mitte in einem Abstand von 3 cm zur Falte feststeppen. Die freien Enden der Bänder durch schräges Abschneiden versäubern.

12 Im nächsten Arbeitsschritt die vier Festonborten entlang der Schnittkanten der rechten Seite der vorderen Kissenplatte anlegen und ausrichten, an jedem Ende 1 cm freilassen. Mit Stecknadeln fixieren, anheften und aufsteppen.

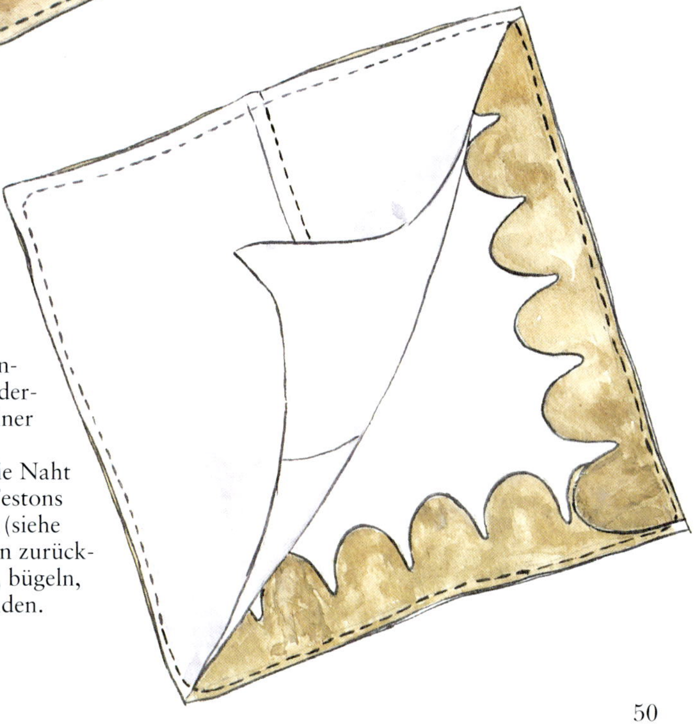

13 Vordere und hintere Kissen-
platte rechts auf rechts aufeinander-
legen. Stecken, heften und mit einer
Saumzugabe von 1 cm aneinan-
dernähen. Darauf achten, daß die Naht
innerhalb der Saumzugabe der Festons
verläuft. Die Kanten versäubern (siehe
Techniken, S. 102) und die Ecken zurück-
schneiden. Kissenbezug wenden, bügeln,
Innenkissen einziehen und zubinden.

1 Um die Festons anzufertigen, zuerst vier Streifen (48 × 18 cm) des beigen Leinenstoffes zuschneiden. Der Länge nach rechts auf rechts auf die Hälfte falten und bügeln.

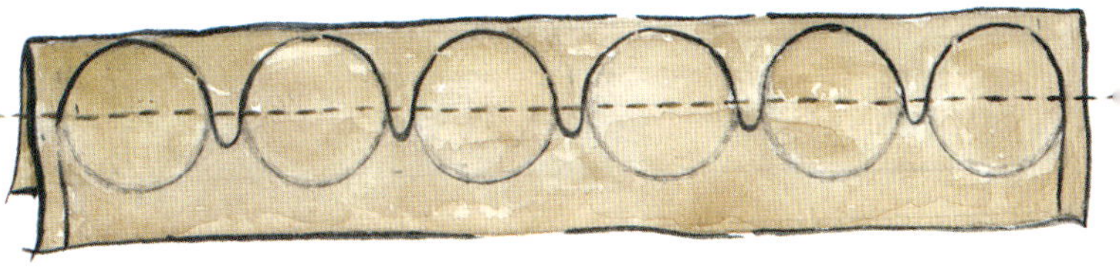

2 Mit Hilfe eines Zirkels oder einer Kreisschablone sechs Kreise mit einem Durchmesser von 7 cm auf die Streifen zeichnen. Diese so anordnen, daß der Abstand zur Bügelkante 1/2 cm, zwischen den Kreisen 16 mm und zwischen den Kreisböden und der Schnittkante 2 1/2 cm beträgt. Durch die Mittelpunkte der Kreise eine gerade Linie ziehen. Dann den Umriß der oberen Kreishälften bis 1/2 cm unterhalb der durch die Kreise verlaufenden Linie nachzeichnen.
Zur Fertigstellung der Festons den Umrissen der oberen Kreishälfte folgen und 1/2 cm unter der Linie miteinander verbinden.

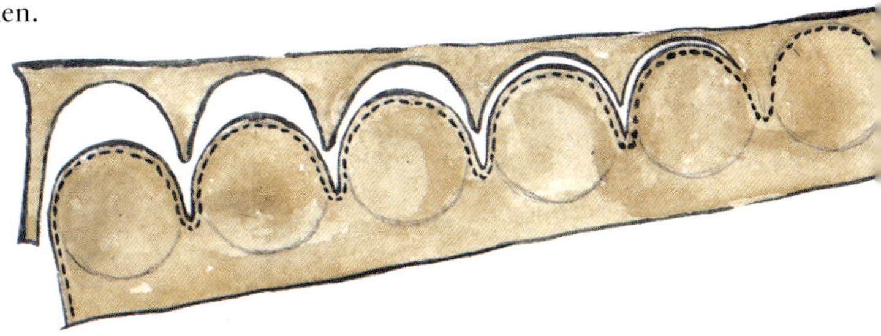

3 Auf allen vier Streifen an den Festons entlangsteppen und ausschneiden.

4 Die Ecken auf 1/2 cm zuschneiden und zwischen den Festons einschneiden. Auf rechts drehen, die Festons ausformen und bügeln.

5 Für die vordere Kissenplatte aus dem weißen Stoff ein Quadrat von 48 cm Kantenlänge zuschneiden, für die hintere Kissenplatte zwei weiße Stoffstücke mit den Abmessungen 48 × 29 cm.

6 Die beiden Teile für die hintere Kissenplatte rechts auf rechts übereinanderlegen. Mit einer Saumzugabe von 5 cm jeweils von beiden Seiten entlang der Längsseite 8 cm nach innen steppen.

7 Die hintere Kissenplatte mit der linken Seite nach oben auflegen, den Saum auffalten. Von den Saumzugaben jeweils 1 cm umschlagen und möglichst nahe entlang der Schnittkante einen weiteren Saum steppen.

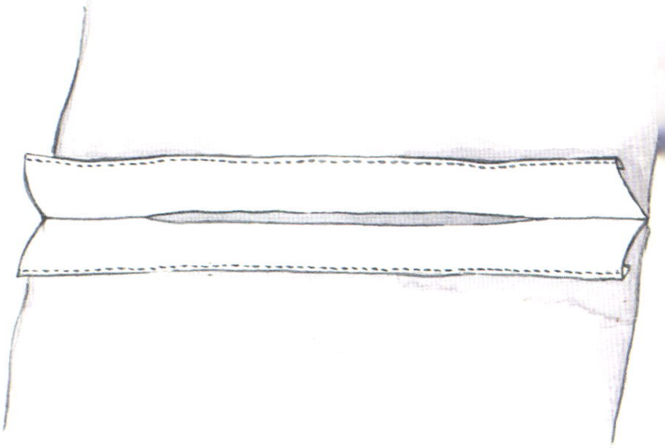

Blende mit Kellerfalten

Kellerfalten sind eine ganz besonders schicke und klassische Kissenumrandung. Zwar braucht man etwas mehr Stoff, dafür sind diese Falten aber leicht nachzuarbeiten und äußerst dekorativ. Besonders hübsch sieht eine gestreifte Kellerfaltenblende aus, wobei jedoch auf die exakte Anordnung der Streifen zu achten ist. Bei dem abgebildeten Kissen sind die Streifen nur auf der Oberseite der Falten zu sehen.

Material & Werkzeug

50 cm Baumwollstoff mit Motiv, 115 cm breit

50 cm gestreifter Baumwollstoff, abwechselnd 9 cm breit gestreift und einfarbig

25 x 40 cm großes Innenkissen

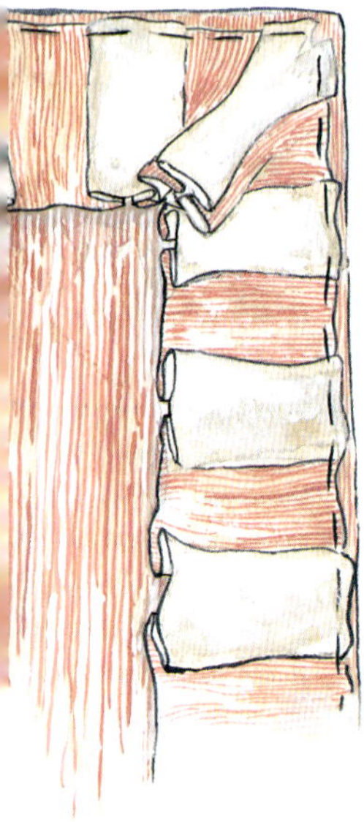

5 Die Eckfalten von außen bis zur Saumzugabe einschneiden. Die vordere Kissenplatte mit dem Motiv nach oben auflegen. Die Blende mit der gestreiften Seite nach unten auf den Stoff legen. Ecken und Schnittkanten ausrichten, dann mit Stecknadeln fixieren und die Blende mit einer Saumzugabe von 1 cm auf die Kissenplatte heften.

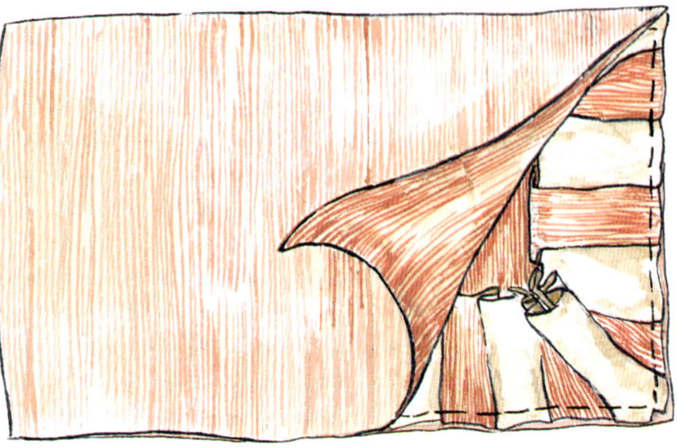

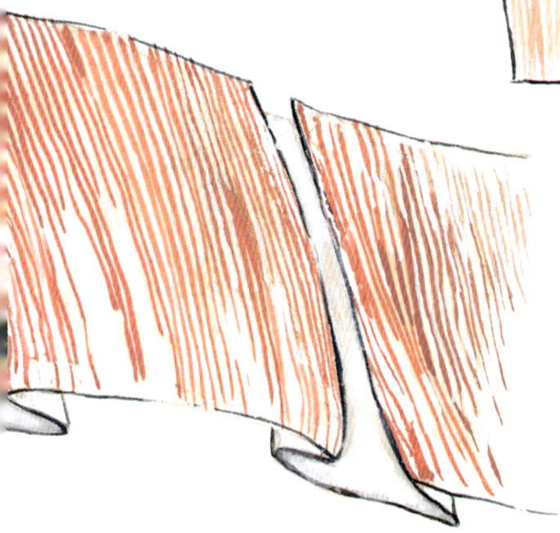

6 Nun die hintere und die vordere Kissenplatte rechts auf rechts übereinanderlegen und ausrichten. Anstecken, heften und an drei Seiten zusammensteppen. Auf rechts drehen.

7 Das Innenkissen einziehen und die noch offene Naht mit Schlupfstich (siehe Techniken, S. 102) schließen.

1 Aus dem Stoff für den Kissenbezug zwei Teile der Größe 28 × 42 cm so zuschneiden, daß das Motiv bei einem Teil in der Mitte liegt. Für die Blende aus dem gestreiften Baumwollstoff einen Streifen mit den Abmessungen 18 × 282 cm zuschneiden.

2 Die Enden der Blende rechts auf rechts zusammennähen, darauf achten, daß die Streifen zusammenpassen, den Saum ausbügeln. Dann der Länge nach links auf links auf die Hälfte falten und die Bruchkante bügeln.

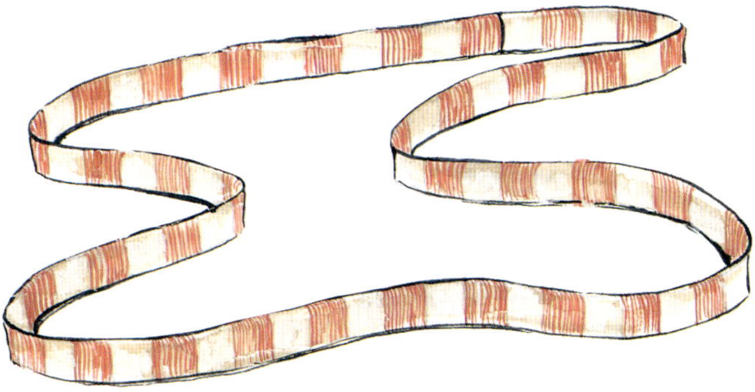

3 Die Kellerfalten werden angefertigt, indem ein einfarbiger Abschnitt beidseitig eingeschlagen wird, so daß die gestreiften Abschnitte darüber aneinanderstoßen. Die Falte an der Schnittkante feststecken und die gesamte Blende wie beschrieben falten. Anschließend die Falten mit einer Saumzugabe von 1 cm anheften und bügeln.

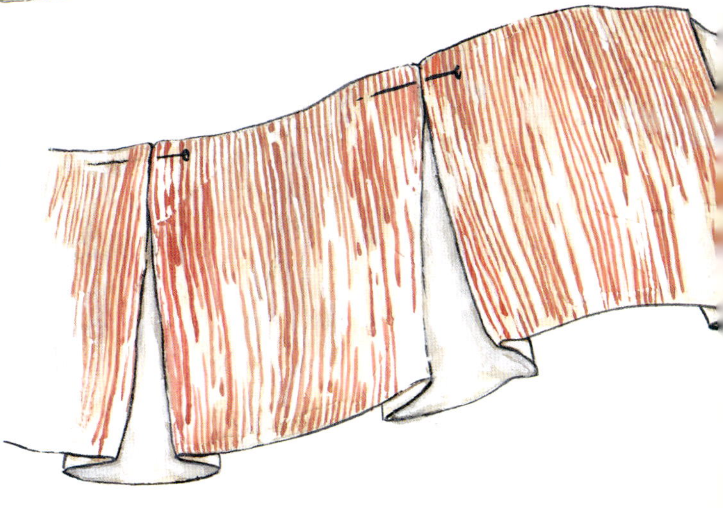

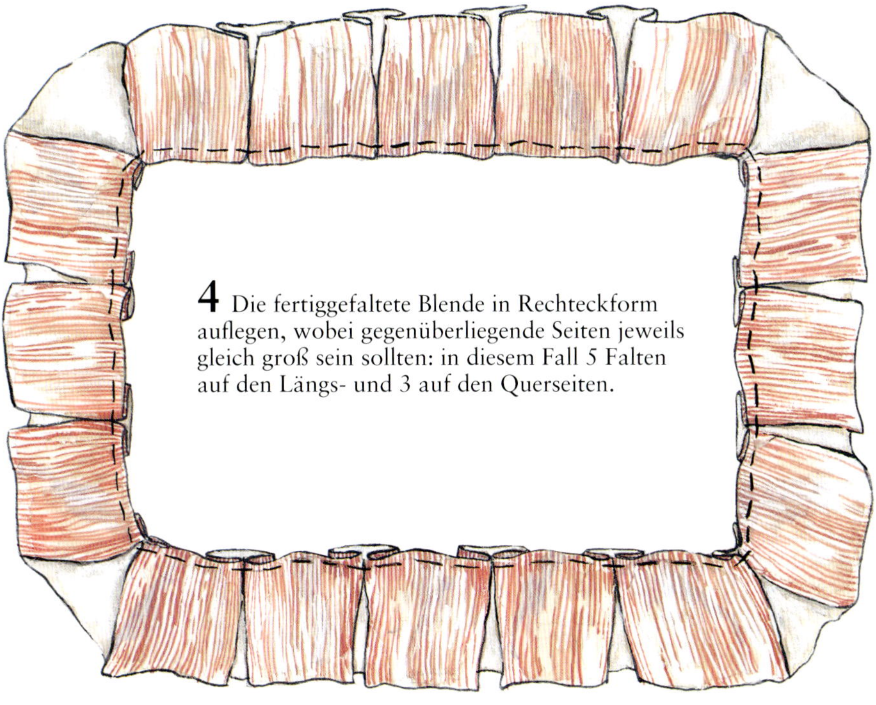

4 Die fertiggefaltete Blende in Rechteckform auflegen, wobei gegenüberliegende Seiten jeweils gleich groß sein sollten: in diesem Fall 5 Falten auf den Längs- und 3 auf den Querseiten.

Doppelt gerüschter Taft

Qualitativ hochwertiger Seidentaft kommt gerüscht und gebauscht am besten zur Geltung. Unten abgebildet sehen Sie ein Kissen aus kleinkariertem Taft mit doppelt gerüschter Blende. Bei diesem aufwendigen Kissen wurde die äußere Rüschenumrandung aus einer einzigen Lage Stoff angefertigt, für die innere Rüschenblende wurde der Stoff doppelt gelegt und eng gerafft.

Material & Werkzeug

150 cm kleinkarierter Taft, 115 cm breit

Innenkissen, 45 cm im Quadrat

Reißverschluß, 38 cm lang

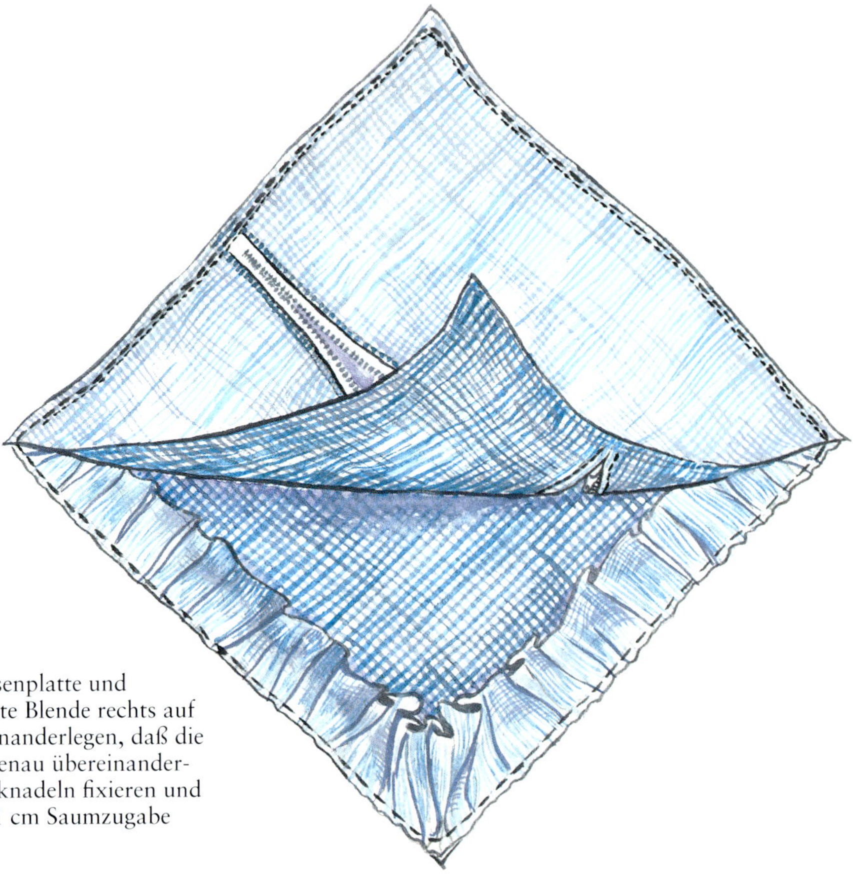

7 Vordere Kissenplatte und doppelt gerüschte Blende rechts auf rechts so übereinanderlegen, daß die Schnittkanten genau übereinanderliegen. Mit Stecknadeln fixieren und die Blende mit 1 cm Saumzugabe aufheften.

8 Hintere und vordere Kissenplatte rechts auf rechts übereinanderlegen, stecken, heften und mit einer Saumzugabe von 1 cm entlang der äußeren Schnittkanten zusammensteppen, darauf achten, daß *innerhalb* der Heftstiche zum Rüschen genäht wird. Die Naht an den Ecken rund, nicht rechtwinklig verlaufen lassen. Die Ecken versäubern und zurückschneiden. Kissenbezug durch den Reißverschluß auf rechts drehen und das Innenkissen einziehen.

1 Für die vordere Kissenplatte ein 48 × 48 cm großes Stoffteil, für die hintere Kissenplatte zwei 48 × 26 cm große Stoffstücke zuschneiden. Für die Rüschen zwei Streifen der Größe 10 × 400 cm zuschneiden.

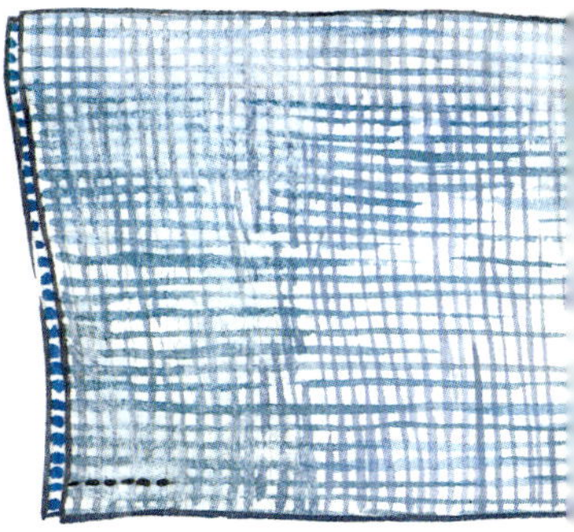

2 Um die hintere Kissenplatte zu nähen, die beiden Teile rechts auf rechts übereinanderlegen und an einer der Längsseiten vom Rand zur Mitte hin mit einer Saumzugabe von $2^{1}/_{2}$ cm jeweils 5 cm zusammensteppen. Säume auffalten und gut ausbügeln.

3 Die hintere Kissenplatte auf rechts drehen und den geschlossenen Reißverschluß mit der rechten Seite nach oben exakt mittig unterlegen, mit Nadeln feststecken, anheften und an beiden Seiten mit der Maschine, wenn möglich mit einem Reißverschlußfüßchen, annähen. Den Reißverschluß öffnen.

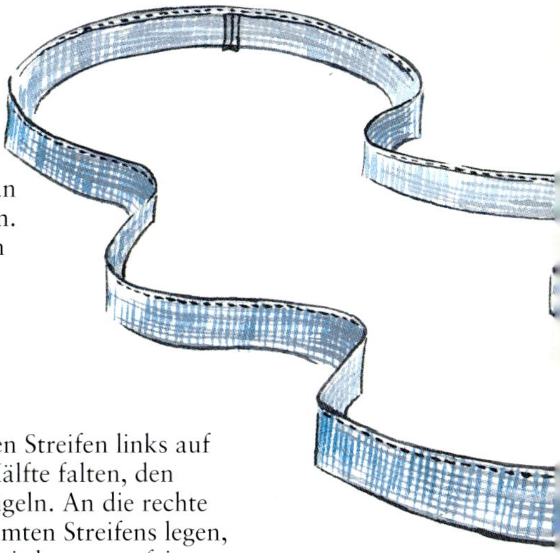

4 Um die Blende nachzuarbeiten, jeweils die beiden Streifen mit der rechten Seite nach innen an den Enden zusammennähen, die Säume ausbügeln. Bei einem der Streifen rundum $^{1}/_{2}$ cm umschlagen und mit der Maschine steppen.

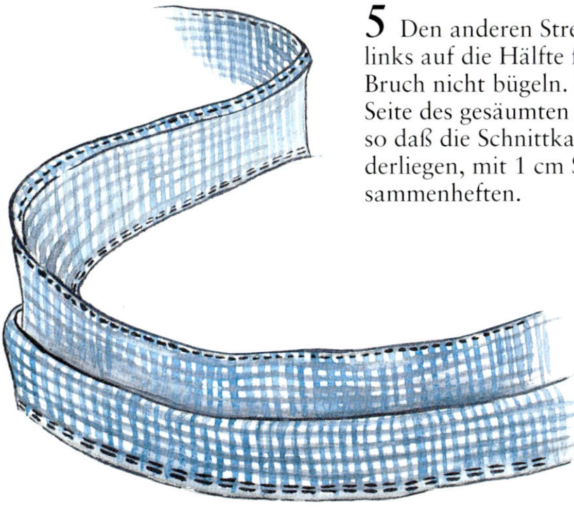

5 Den anderen Streifen links auf links auf die Hälfte falten, den Bruch nicht bügeln. An die rechte Seite des gesäumten Streifens legen, so daß die Schnittkanten aufeinanderliegen, mit 1 cm Saumzugabe zusammenheften.

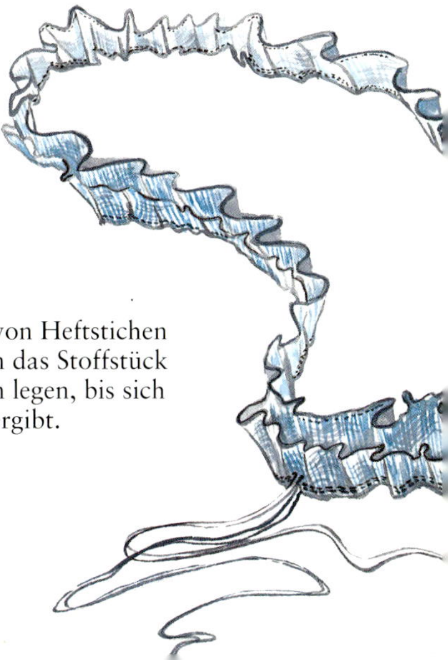

6 Eine doppelte Reihe von Heftstichen nähen und mit dem Garn das Stoffstück so in gleichmäßige Falten legen, bis sich eine Länge von 180 cm ergibt.

Kissen mit doppeltem Stehsaum

Zwei hochwertige, gemusterte Seidenstoffe wirken mit diesem doppelten, breiten Stehsaum, der einen flüchtigen Blick auf den kontrastierenden Stoff gewährt, noch stilvoller. Vor allem Seidenstoff ist hervorragend für ausdrucksvolle Muster geeignet. Die Anfertigung dieses modischen Kissens ist unglaublich einfach.

Material & Werkzeug

75 cm gemusterter Seidenstoff, 150 cm breit

75 cm einfacher Seidenstoff, 150 cm breit

Innenkissen, 45 cm im Quadrat

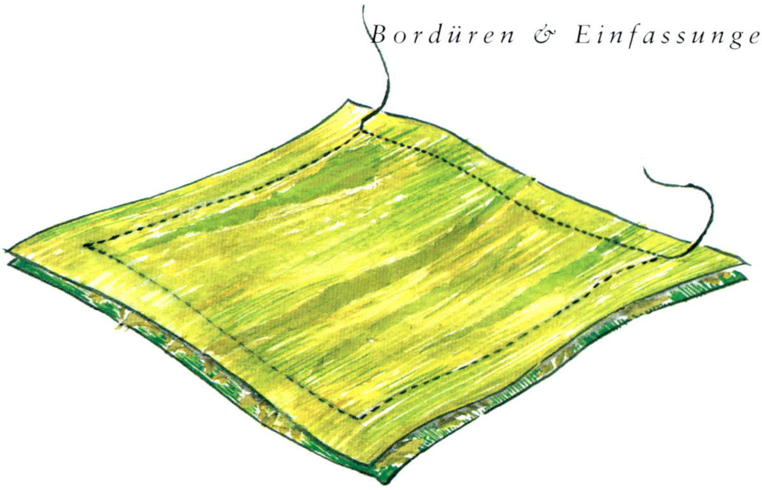

5 Die Teile so übereinanderlegen, daß die mit der Naht versehen'en Seiten aufeinanderliegen. Die übrigen drei Seiten mit Stecknadeln fixieren, heften und alle Lagen mit der Maschine zusammensteppen, so daß rund um den Kissenbezug eine 6 cm breite Blende entsteht.

6 Das Innenkissen einziehen und die offene Naht mit einem überwendlichen Stich (siehe Techniken, S. 102) entlang der Maschinennaht schließen.

Die vier Ecken des Stehsaums zum Versäubern mit paar Handstichen umnähen.

.mit der Kissenbezug noch dekorativer und benfroher wirkt, kann für die Innenseiten der ssenplatten eine dritte Farbe verwendet werden.

1 Vier Stoffstücke à 60 × 60 cm zuschneiden, je zwei Teile aus dem gemusterten und dem einfachen Seidenstoff. Darauf achten, daß Faden und Muster gerade, nicht diagonal verlaufen.

2 Jeweils die Teile aus dem gleichen Stoff rechts auf rechts übereinanderlegen, feststecken, heften und mit 1 cm Saumzugabe zusammensteppen, an einer Seite eine Naht von 10 cm offenlassen. Vorgang bei den beiden anderen Stoffteilen wiederholen.

3 Beide Teile auf rechts drehen und jeweils die offene Naht mit Schlupfstich (siehe Techniken, S. 101) schließen. Bügeln.

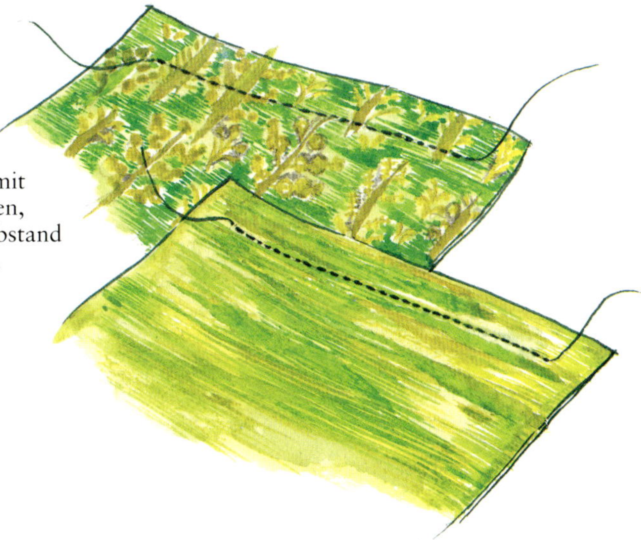

4 Beide Stoffteile an einer Seite mit einem Abstand von 6 cm absteppen, wobei die Naht jeweils in 6 cm Abstand von den Seiten beginnt und endet.

Rechts: Ein fein gewebtes weißes Leinenkissen mit an der Vorderseite aufgenähter Fransenborte aus Hanffaser. *Unten:* Drei Reihen breiter Fransen auf der Vorderseite sorgen für das außergewöhnliche Design dieses cremefarbenen Baumwollkissens.

Verzierungen & Verschlüsse

Bei einem allzu schlichten Kissen besteht immer die Gefahr, daß es in seiner Umgebung untergeht. Es gibt allerdings einige tolle Ideen, um ein Kissen so herauszuputzen, daß es wirklich zur Geltung kommt. Wählen Sie aus der Vielzahl der dekorativen Verzierungen und Verschlüsse, um Kissen auf vielfältige Weise zu verschönern.

Oben: Drei Beispiele von Verschlußbändern für die Kissenrückseite: Verknotet; durch quadratische Riegel gehalten; doppelter Baumwollstrang mit Zickzackrändern.
Ganz links: Ein gestreiftes Seidenkissen mit doppelt gerüschter Kante, eingefaßt mit einem gefältelten Seidenband.
Links: Für den letzten Schliff dieses Kissens wurde die gefächerte Umrandung an den Ecken in eine Kellerfalte gelegt.

Oben links: Ein aufwendig besticktes Kissen wurde mit einer dunkelgrünen Fransenborte aus Leinen besetzt. *Unten Mitte:* Die Diamantenform und das Patchwork in der Mitte werden unterstrichen durch dünne dunkelviolette Bommelkanten.

Oben: Knöpfe und Büschel: Ein mit Schlingen aus Seide besetzter Knopf; Büschel aus Leinen; ein wunderschöner, antiker, handgenähter Knopf; ein mit der Zickzackschere ausgeschnittenes Stoffquadrat. *Links:* Zwei Vierecke: Ein schlichter Kissenbezug, verziert mit einer gerüschten Umrandung; das andere Kissen wirkt durch die zweifarbige Fächerborte und die buschigen Leinenknöpfe.

Kissen mit verknoteten Ecken

Hier ist kühle indische Madrasbaumwolle mit einer Kordelumrandung in leuchtend roter Farbe kombiniert. Die verlängerten Ecken werden verknotet, was dem Kissen ein frisches, ungewöhnliches Aussehen verleiht. Ein Berg von Kissen aus preisgünstiger, kontrastfarbener Madrasbaumwolle wirkt in einem Raum herrlich belebend.

Material & Werkzeug

200 cm Baumwollstoff, 115 cm breit

500 cm Kordel

Innenkissen, 45 cm im Quadrat

100 cm quadratisches Papier für das Schnittmuster

Das Innenkissen ein-
-hen und die Naht mit
m Schlupfstich (siehe
chniken, S. 102)
s auf eine kleine
ffnung zum Einnähen
r Kordelenden schließen.

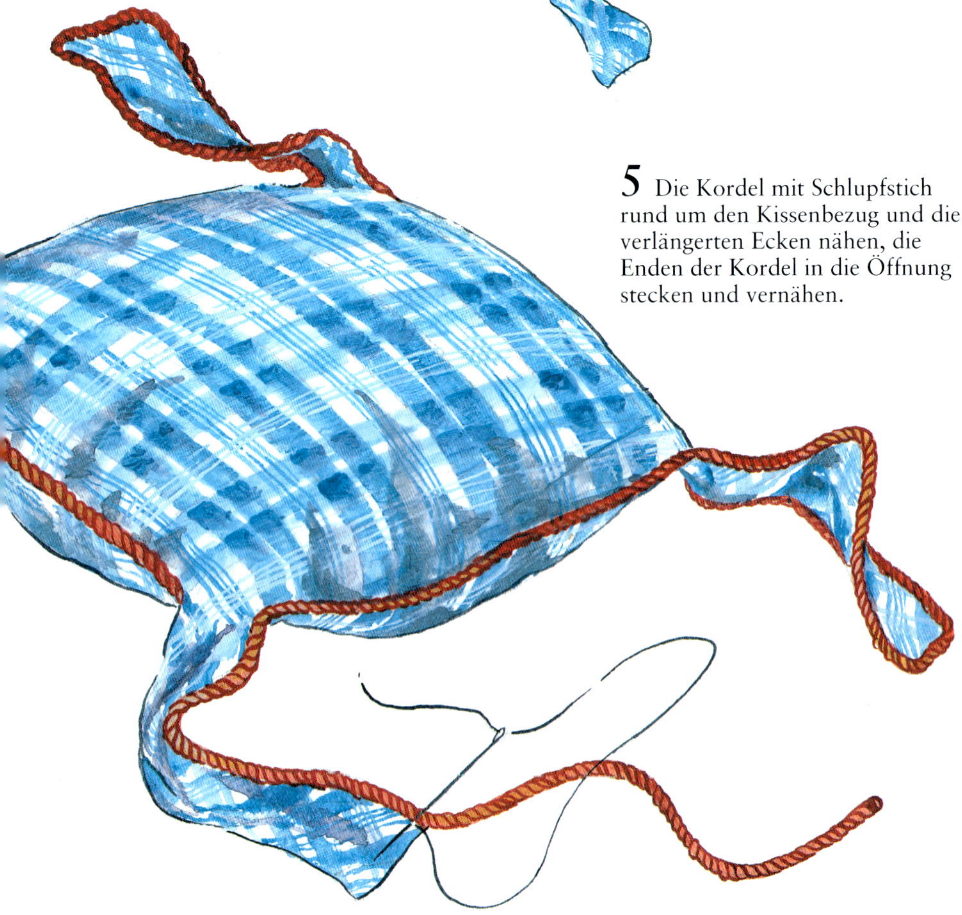

5 Die Kordel mit Schlupfstich rund um den Kissenbezug und die verlängerten Ecken nähen, die Enden der Kordel in die Öffnung stecken und vernähen.

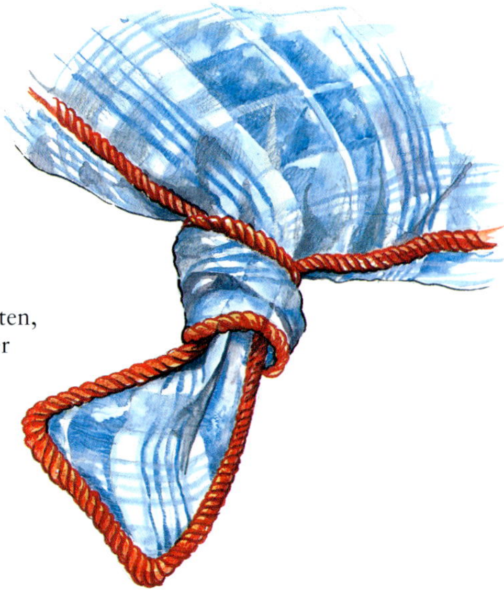

6 Schließlich die Ecken verknoten und so ausrichten, daß möglichst viel von der Kordel zu sehen ist.

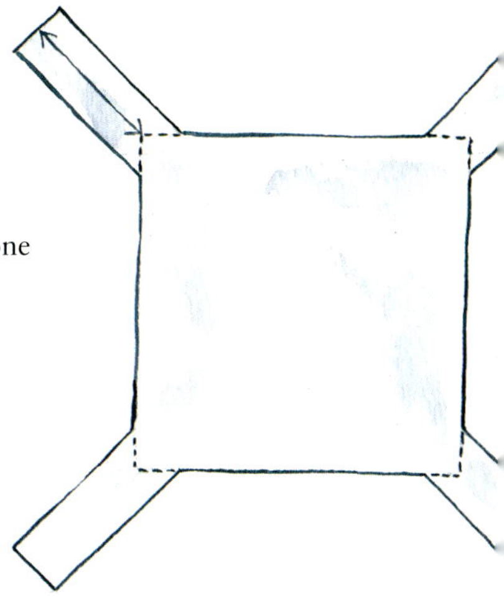

1 Aus dem Papier die nebenstehend abgebildete Schablone mit folgenden Abmessungen zurechtschneiden: Der Kissenkörper mißt 48 cm im Quadrat, die verlängerten Ecken messen 8 × 25 cm.

2 Den Stoff rechts auf rechts auf die Hälfte falten, die Schnittkanten ausrichten. Die Schablone mit Stecknadeln auf dem Stoff fixieren und die beiden Teile zuschneiden.

3 Die Schablone entfernen und mit einer Saumzugabe von 1 cm die Teile stecken, heften und schließlich mit der Maschine rundum zusammensteppen. Eine Naht zum Einziehen des Kissens offenlassen. Die Ecken versäubern, den Kissenbezug auf rechts drehen, dabei mit einem stumpfen Bleistift oder einer Stricknadel die Ecken ausformen.

Quastenverschluß

Bei diesem anschmiegsamen, edlen Kissen wurde ein seidenes Innenkissen mit weißem Leinenstoff bezogen. Diese hochwertigen Stoffe werden wirkungsvoll in Szene gesetzt durch den eleganten Verschluß mit seidenen Quasten und der Einfassung des offenen Endes des Leinenbezuges mit Hohlsaum.

Material & Werkzeug

50 cm hochwertiger, cremefarbener Leinenstoff, 115 cm breit

85 cm gestreifter Seidenstoff, 115 cm breit

zwei Quasten aus Seide

Innenkissen, 40 cm im Quadrat

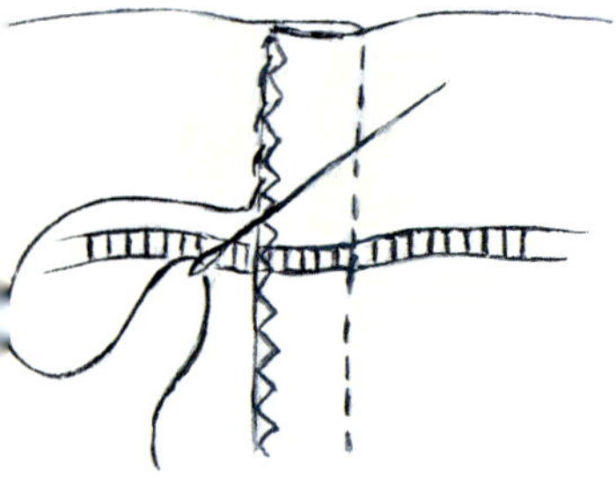

6 Den Saum versäubern (siehe Techniken, S. 102), auf eine Seite bügeln und entlang der gesäumten Umrandung festnähen.

7 Zur Fertigstellung des Kissenbezugs: An der offenen Seite vier Knopflöcher zum Befestigen der Quasten einarbeiten. Dabei durch beide Stofflagen je zwei Schlitze auf jeder Seite einschneiden, sie müssen alle die gleiche Größe haben und einander genau gegenüberliegen. Die Schnittkanten mit Knopflochstich (siehe Techniken, S. 102) versäubern.

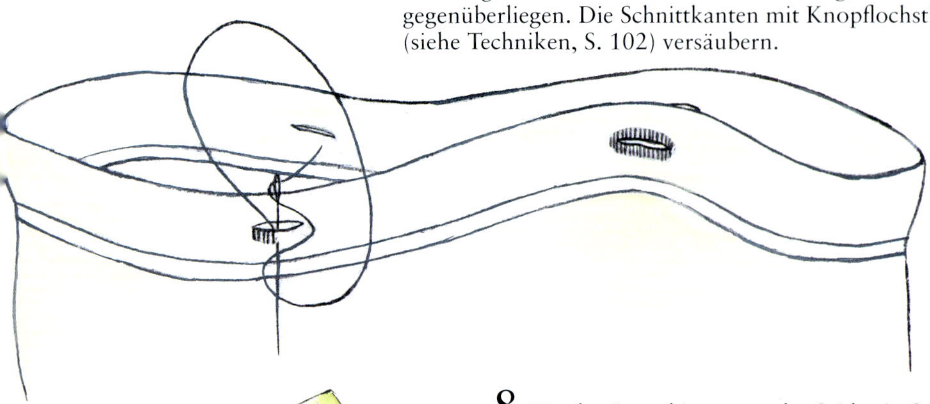

8 Für das Innenkissen aus der Seide ein Stoffstück mit den Maßen 43 × 83 cm zuschneiden. Der Breite nach rechts auf rechts auf die Hälfte falten, an zwei Seiten stecken, heften und mit einer Nahtzugabe von 1 cm zusammensteppen.

9 Bezug auf rechts drehen und Innenkissen ein-iehen. Die offene Naht mit einem Überwendlich-tich schließen.

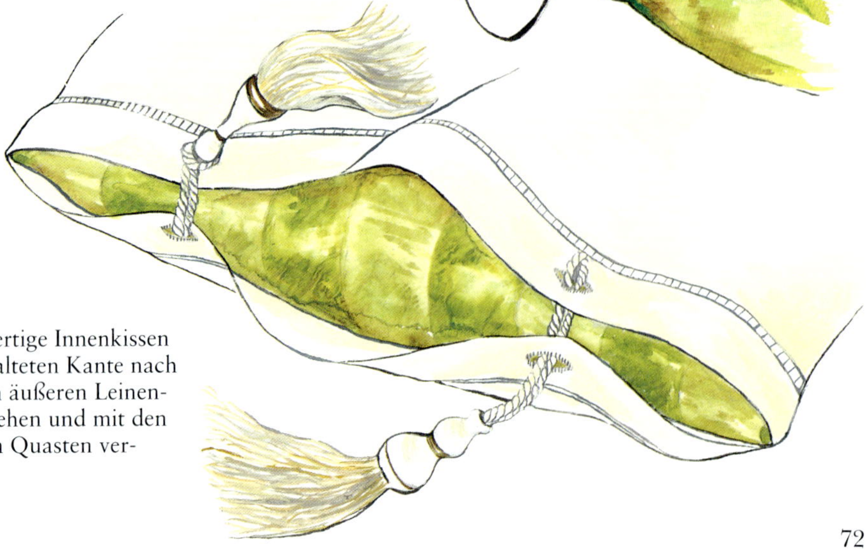

10 Das fertige Innenkissen nit der gefalteten Kante nach ben in den äußeren Leinen-ezug einziehen und mit den ekorativen Quasten ver-chließen.

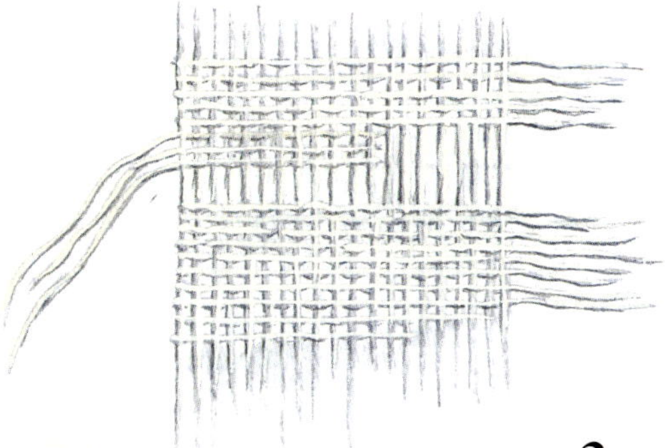

1 Für die äußere Kissenhülle ein Stück Leinenstoff mit den Maßen 48 × 92 cm zuschneiden. Um das obere Ende zu dekorieren, zunächst an einer der Längsseiten 8 cm nach innen versetzt 5 Fäden aus dem Stoff ziehen.

2 Dann an dieser Längsseite zweimal einen 2 1/2 cm breiten Saum so einschlagen, daß er genau an der Linie der gezogenen Fäden liegt. Bruchkante bügeln.

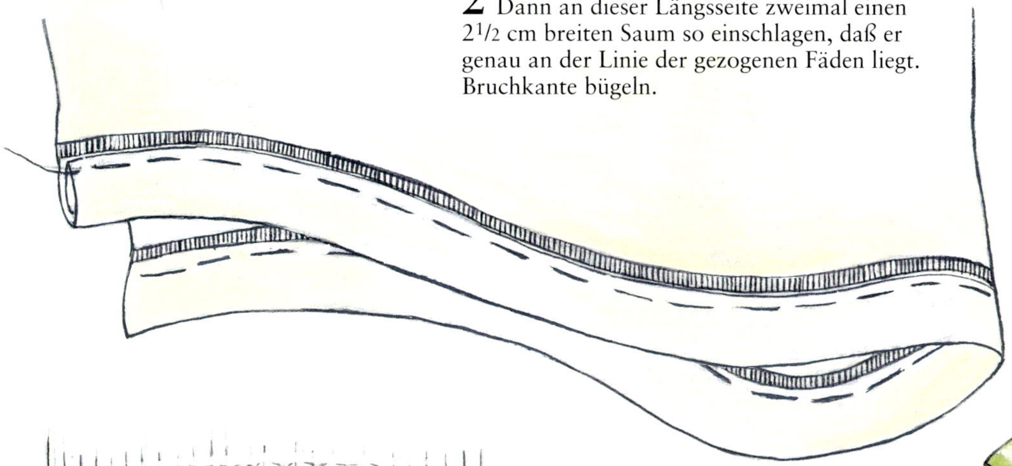

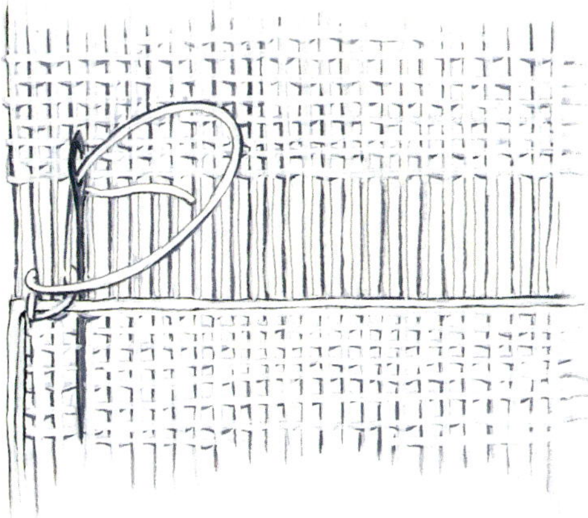

3 Faden an einem Ende des Saums sichern, dann mit der Nadel drei Fäden zusammenziehen. Auf der rechten Stoffseite rechts neben den gebündelten Fäden einen kleinen senkrechten Stich bis durch die Saumkante nähen. Nach diesem Muster den gesamten Saum vernähen.

4 Vorgang an der gegenüberliegenden Kante wiederholen, dabei von links nach rechts arbeiten und immer die gleichen Fäden bündeln wie auf der anderen Seite. Der so genähte Hohlsaum soll wie eine Leiter aussehen.

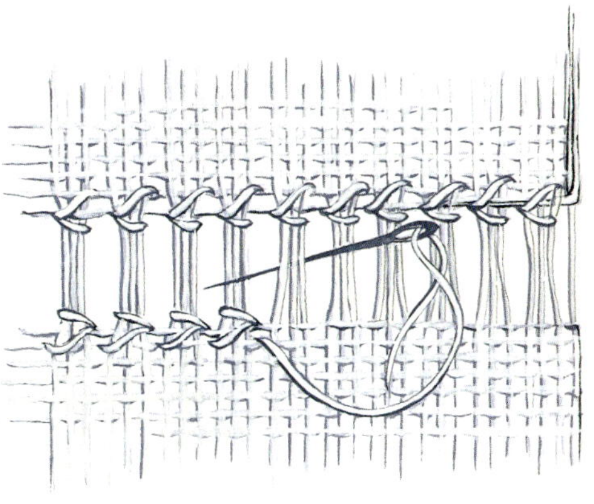

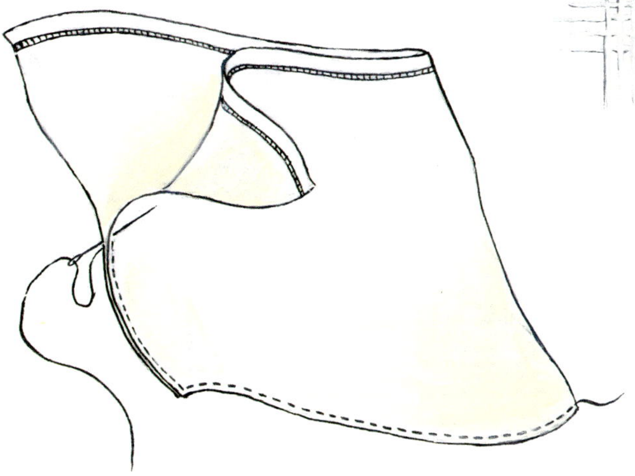

5 Den Kissenbezug der Breite nach au die Hälfte falten, die Schnittkanten aus-richten. Mit Stecknadeln fixieren, hefte und die beiden unverzierten Seiten mit einer Saumzugabe von 1 cm zusammensteppen.

Kissen in Form eines Briefkuverts

Troddeln, die es in allen nur erdenklichen Farben, Formen und Stoffarten – von grobfaserigem Stoff bis zu schmeichelnder Seide – fertig zu kaufen gibt, sind ein schönes und einfach anzubringendes Gestaltungselement. Dieses Leinenkissen von zurückhaltender Eleganz ist mit einer Paspelkordel eingefaßt, und der Umschlag wird mit einer Seidentroddel verschlossen.

Material & Werkzeug

100 cm Leinenstoff, 115 cm breit

300 cm Paspelkordel

ein Knopf

eine Troddel mit einer Schlaufe als Verschluß

Innenkissen, 45 cm im Quadrat

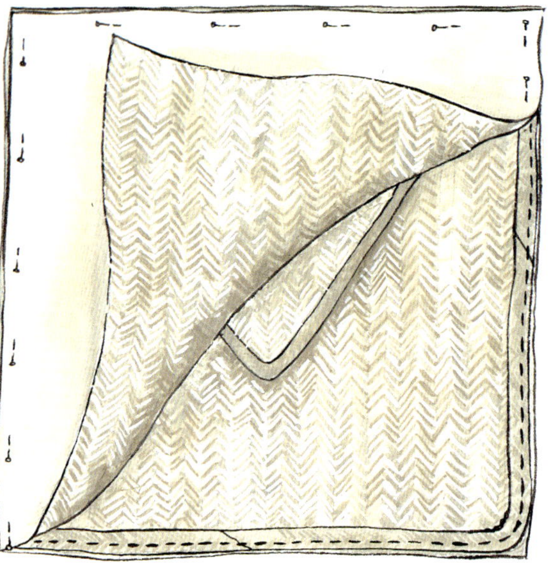

6 Vordere und hintere Kissenplatte rechts auf rechts übereinanderlegen, stecken, heften und an drei Seiten, mit Ausnahme der unteren, mit einer Saumzugabe von 1 cm zusammennähen. Die Ecken schräg abschneiden, Bezug auf rechts drehen und bügeln.

7 Mit dem an der Spitze des Umschlags auf der Vorderseite festgenähten Knopf werden Dreieck und vordere Kissenplatte miteinander verbunden. Das Innenkissen einziehen und die Naht mit dem Saumstich (siehe Techniken, S. 102) schließen, darauf achten, daß die Paspelierung nicht miteingenäht wird.

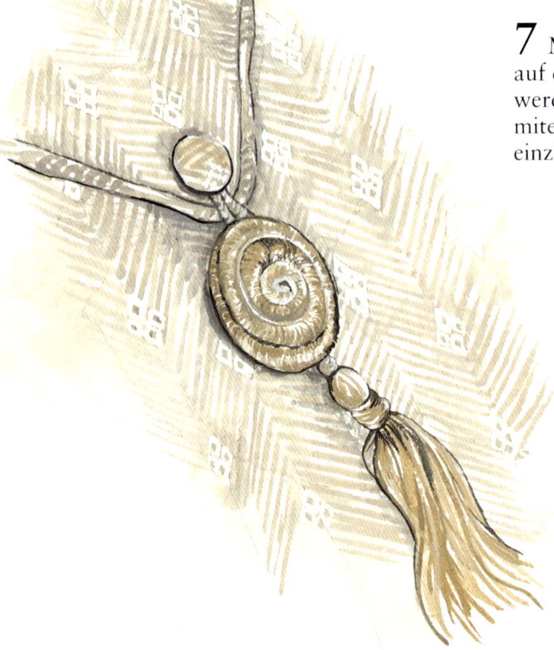

8 Die Troddel mit der Schlaufe an den Knopf hängen und mit ein paar Handstichen festnähen.

1 Zwei quadratische Stoffteile der Größe 48 × 48 cm und zwei dreieckige Stoffteile mit einer Grundlinie von 48 cm und 40 cm langen Schenkeln zuschneiden. Für die Paspelierung 4 cm breite Streifen mit einer Gesamtlänge von 300 cm (siehe Techniken, S. 103) anfertigen.

2 Zur Anfertigung des Umschlags einen Abschnitt der Paspelierung entlang der 40 cm langen Seiten eines der beiden Dreiecke verlegen. Feststecken, aufheften und mit der Maschine feststeppen.

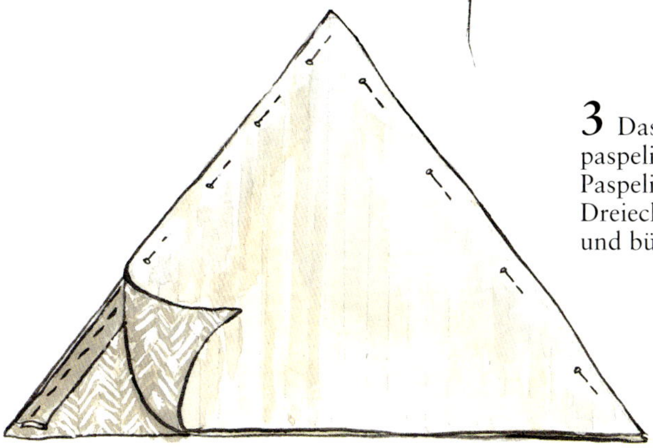

3 Das zweite Dreieck rechts auf rechts auf das paspelierte legen, stecken, heften und nahe der Paspelierung zusammennähen. Die Spitze des Dreiecks zuschneiden, Stoff auf rechts drehen und bügeln.

4 Das Dreieck mit der Schnittkante auf der rechten Seite an eine der Kanten der vorderen Kissenplatte steppen, dabei mit einer Saumzugabe von 1 cm arbeiten.

5 Die Paspelierung auf der rechten Seite der vorderen Kissenplatte an alle vier Seiten und über den Umschlag hin weg verlegen, feststecken, aufheften und nahe der Kordel und innerhalb de Naht, mit der der Umschlag aufgenäht wurde, aufsteppen.

Borten & Bordüren

Dieses prachtvolle Kissen wird durch kräftige Farben und Texturen in Szene gesetzt. Der Bezug selbst ist aus spinatgrünem Leinen mit einer breiten, von einer roten Samtpaspelierung umrandeten Blende. Die innere Umrandung der Blende bildet eine rote Fransenborte aus Wolle. Eine weitere Applikation, die Tiroler Blumenborte, wurde, damit die Farben besser zur Geltung kommen, auf einen breiten Baumwollstreifen genäht. Dieses Modell soll eine Anregung zum Nacharbeiten mit den verschiedensten Farbkombinationen und Umrandungen sein.

Material & Werkzeug

100 cm schweres, spinatgrünes Leinen, 115 cm breit

200 cm burgundfarbene Fransenborte

275 cm schmale, rote Paspelierung aus Samt

175 cm rotes Band, 2,5 cm breit

175 cm dekorative Borte

Innenkissen, 45 cm im Quadrat

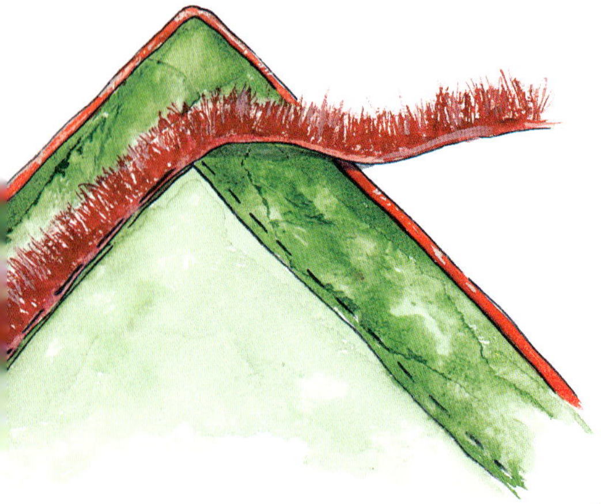

9 Die hintere Kissenplatte mit der rechten Seite nach unten (so daß die rechte Seite der Blende nach oben liegt) auflegen und die inneren Kanten der Blende auf die linke Seite der hinteren Kissenplatte heften. Die Fransenborte an den Innenseiten der Blende feststecken und anheften, dabei die Ecken sauber nacharbeiten und mit einer Saumzugabe von 1 cm versehen. Die äußeren Enden der Fransen sollten etwa in einem Abstand von $3^1/_2$ cm von der Außenseite der Blende liegen.

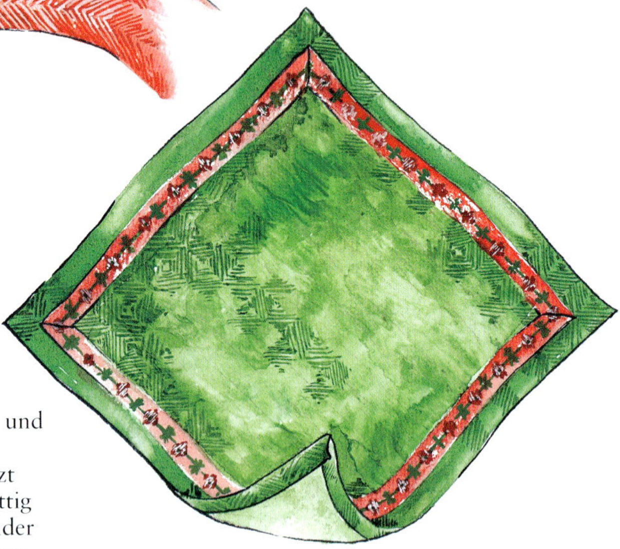

10 Für die Verzierung der vorderen Kissenplatte vier Bänder mit einer Länge von 36 cm zuschneiden. Die Enden wieder unter einem Winkel von 45° falten und so aneinanderlegen und vernähen, daß die Streifen die vordere Kissenplatte $3^1/_2$ cm nach innen versetzt umranden. Die Borte mit der Hand mittig auf die Bänder nähen. Die fertigen Bänder an die vordere Kissenplatte nähen. Einen $1^1/_2$ cm breiten Saum umschlagen und bügeln.

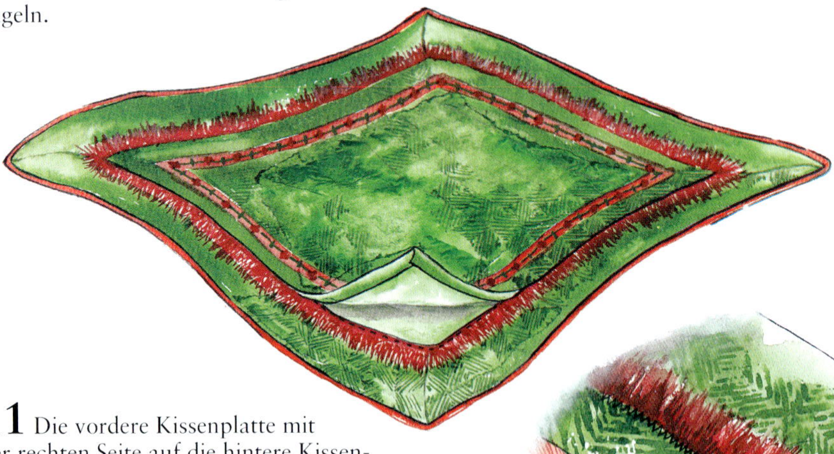

11 Die vordere Kissenplatte mit der rechten Seite auf die hintere Kissenplatte innerhalb der Fransenborte legen. Stecken, heften und mit einem schmalen Zickzackstich die beiden Kissenplatten zusammennähen.

12 Zur Vervollständigung der hinteren Kissenplatte zwei Schlitze für die Knopflöcher an der dickeren Seite der Öffnung durch beide Stofflagen schneiden. Die Schlitze mit Knopflochstich (siehe Techniken, S.102) versäubern. Am gegenüberliegenden Teil die Knöpfe annähen. Innenkissen einziehen und Knöpfe schließen.

1 Für die vordere Kissenplatte ein 48 × 48 cm großes spinatgrünes Stoffstück zuschneiden. Für die hintere Kissenplatte aus demselben Stoff zwei Teile mit den Abmessungen 58 × 32 cm zuschneiden. Für die Blende vier grüne Stoffstücke à $7^1/_2$ × 58 cm zuschneiden.

2 Die Schnittkanten der Längsseiten der beiden Teile der hinteren Kissenplatte versäubern (siehe Techniken, Seite 102).

3 Diese dann rechts auf rechts übereinanderlegen, stecken, heften und auf beiden Seiten eine Längsseite $2^1/_2$ cm nach innen versetzt vom Rand zur Mitte hin 9 cm zusammennähen. Stoff um 90° drehen und eine vertikale Naht bis zur Kante steppen.

4 Stoff auseinanderfalten und die Säume in eine Richtung gut ausbügeln.

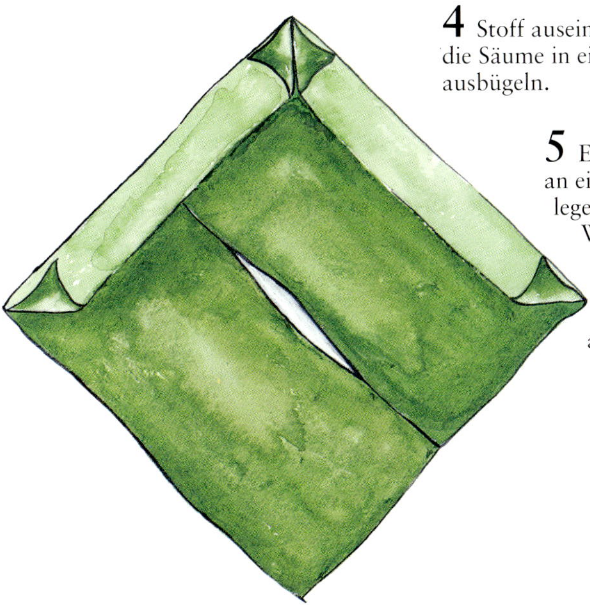

5 Einen Streifen der Blende rechts auf rechts an eine Schnittkante der hinteren Kissenplatte legen. Die Ecke des Streifens in einem Winkel von 45° umschlagen. Den nächsten Streifen anlegen, beide Ecken auf Gehrung falten und bügeln. Auf diese Art alle vier Streifen sauber gefaltet aneinanderlegen.

6 Die Streifen herunternehmen und an den gebügelten Bruchkanten zusammensteppen. Überschüssiges Material bis auf eine Saumzugabe von 1 cm abschneiden.

7 Nun wird die Paspelierung an der hinteren Kissenplatte angebracht. Dazu diese mit einer Saumzugabe von 1 cm entlang der Außenkanten anstecken und heften.

8 Die Blende rechts auf rechts auf die hintere Kissenplatte, an der bereits die Paspelierung befestigt ist, legen, stecken, heften und zwischen Paspelierung und Schnittkanten feststeppen, dabei 1 cm Saum zugeben. Auf rechts drehen und bügeln.

Kariertes Leinen-kissen mit Schleifen

Hier steckt ein hochwertiger, beigefarbener Umschlag, hinter dem sich das Innenkissen verbirgt, tief hinter der karierten Außenseite. Dieser Umschlag wirkt wie ein Schonbezug und macht das Waschen zum Kinderspiel, da das Kissen nur durch zwei breite Schleifen verschlossen wird. Das Kissen kann auch mit kariertem Innenkissen und Schleifen und einfarbigem Schonbezug nachgearbeitet werden.

Material & Werkzeug

50 cm karierter Leinenstoff, 115 cm breit

100 cm einfarbiger Leinenstoff, 115 cm breit

140 cm Paspelierung

Innenkissen, 45 cm im Quadrat

8 Im nächsten Arbeitsschritt den inneren Umschlag an einer der Längsseiten einen $^1/_2$ cm umschlagen und bügeln. Nochmals $^1/_2$ cm einschlagen, bügeln und feststeppen.

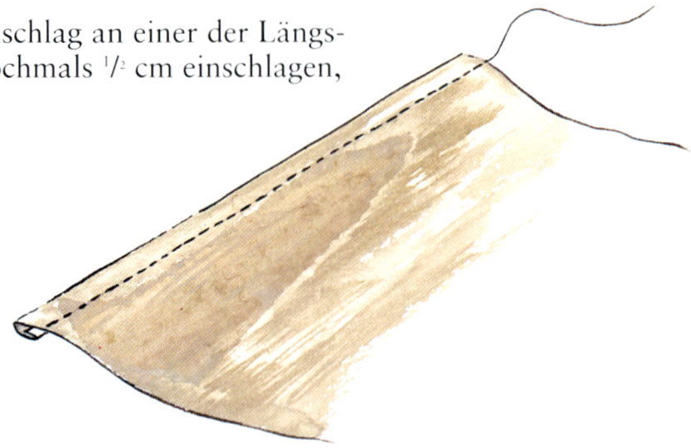

9 Umschlag und vordere Kissenplatte rechts auf rechts übereinanderlegen. Die lange Schnittkante an der nichtpaspelierten Seite ausrichten, stecken, heften und mit 1 cm Saumzugabe steppen. Bezug umdrehen und auf die linke Seite der Kissenplatte bügeln.

10 Zur Fertigstellung: Vordere und hintere Kissenplatten rechts auf rechts übereinanderlegen. An drei Seiten (die Kante mit den Bändern wird offengelassen) mit einer Saumzugabe von 1 cm stecken, heften und außerhalb der Paspelierung zusammensteppen. An den beiden Ecken rund nähen.

11 Ecken zuschneiden, dann Bezug auf rechts drehen und bügeln. Innenkissen einziehen, den Umschlag einstecken und die Bänder zu Schleifen binden.

1 Für die äußere vordere und hintere Kissenplatte je ein kariertes Stoffstück der Größe 48 × 48 cm zuschneiden. Zur Anfertigung des inneren Umschlags ein 48 × 20 cm messendes und zur Anfertigung des inneren Besatzes ein 48 × 5 cm messendes einfarbiges Stoffstück zuschneiden. Die vier Bänder ebenfalls aus dem einfarbigen Leinen mit je 34 × 14 cm zuschneiden. Genügend einfarbiges Leinen für eine 140 cm lange Paspelierung zuschneiden (siehe Techniken, S. 103).

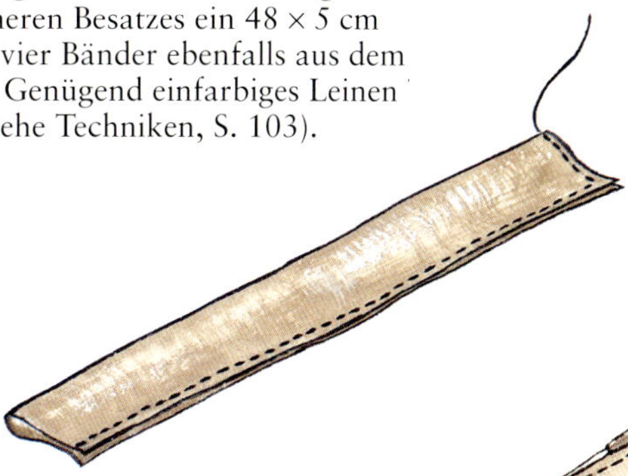

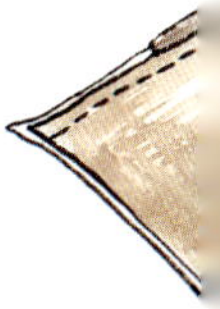

2 Zum Anfertigen der Bänder jeden Streifen der Länge nach rechts auf rechts auf die Hälfte falten und entlang der Schnittkanten der Längs- und einer der Breitseiten zusammennähen, dabei 1 cm Saum zugeben. Die Bänder auf rechts drehen und bügeln.

3 Die hintere Kissenplatte mit der rechten Seite nach oben auflegen, und zwei der Bänder mit der offenen Seite an einer der Schnittkanten 9 cm von den Ecken nach innen versetzt feststecken und anheften.

4 Den Streifen für den inneren Besatz mit der rechten Seite auf die Bänder legen, Kanten ausrichten. Stecken, heften und mit einer Saumzugabe von 1 cm alle Lagen zusammennähen. Den Besatz auf die linke Seite des karierten Bezugs drehen und bügeln.

5 Bei dem Besatz einen $1^1/_2$ cm breiten Saum einschlagen und durch alle Lagen steppen, darauf achten, daß Saumnaht und Karos parallel zueinander verlaufen.

6 Die obere Kissenplatte mit der rechten Seite nach oben auflegen. Die beiden anderen Bänder ebenfalls 9 cm von den Ecken nach innen versetzt an einer der Schnittkanten feststeppen.

7 Die fertige Paspelierung auf der rechten Seite entlang der Schnittkanten der anderen drei Seiten der vorderen Kissenplatte verlegen, stecken, aufheften und möglichst nahe an der Paspelkordel aufsteppen.

Loser Leinenbezug

Kontrastfarben rotgestreift ist der Stoff, aus dem das Innenkissen genäht ist, darüber sind zwei Kissenplatten aus beigegestreiftem Leinen gezogen, und zusammengehalten wird das Ganze mit Bändern. Dieses Kissen ist leicht nachzuarbeiten und von eindrucksvoller Wirkung. Eine pfiffige Lösung, um die Optik eines altgedienten, vielleicht etwas langweilig aussehenden Kissens zu verändern.

Material & Werkzeug

60 cm beigegestreifter Leinenstoff, 115 cm breit

50 cm rotgestreifter Baumwollstoff, 115 cm breit

500 cm braunes Baumwollband, 2,5 cm breit

500 cm cremefarbenes Baumwollband, 1,5 cm breit

Innenkissen, 45 cm im Quadrat

5 Zur Befestigung der Bänder den Saum so nah wie möglich an der nneren Kante festnähen, dabei edes Band übernähen. Darauf achten, daß die Bänder ganz gerade liegen.

6 Jedes Band über den Saum nach außen verstürzen und bügeln. Mit einer zweiten, von der Innenkante nach außen um 1/2 cm versetzten Naht feststeppen. Erneut bügeln. Die Bänder der anderen Kissenplatte ebenso befestigen. Die Ecken mit Schlupfstich (siehe Techniken, Seite 101) vernähen und die Bänder durch diagonales Abschneiden versäubern.

7 Zum Anfertigen des Innenkissens zwei 48 × 48 cm große Stücke aus dem rotgestreiften Baumwollstoff zuschneiden. Die Quadrate rechts auf rechts übereinanderlegen. An drei Seiten mit einer Saumzugabe von 1 cm zusammenstecken, -heften und aufsteppen.

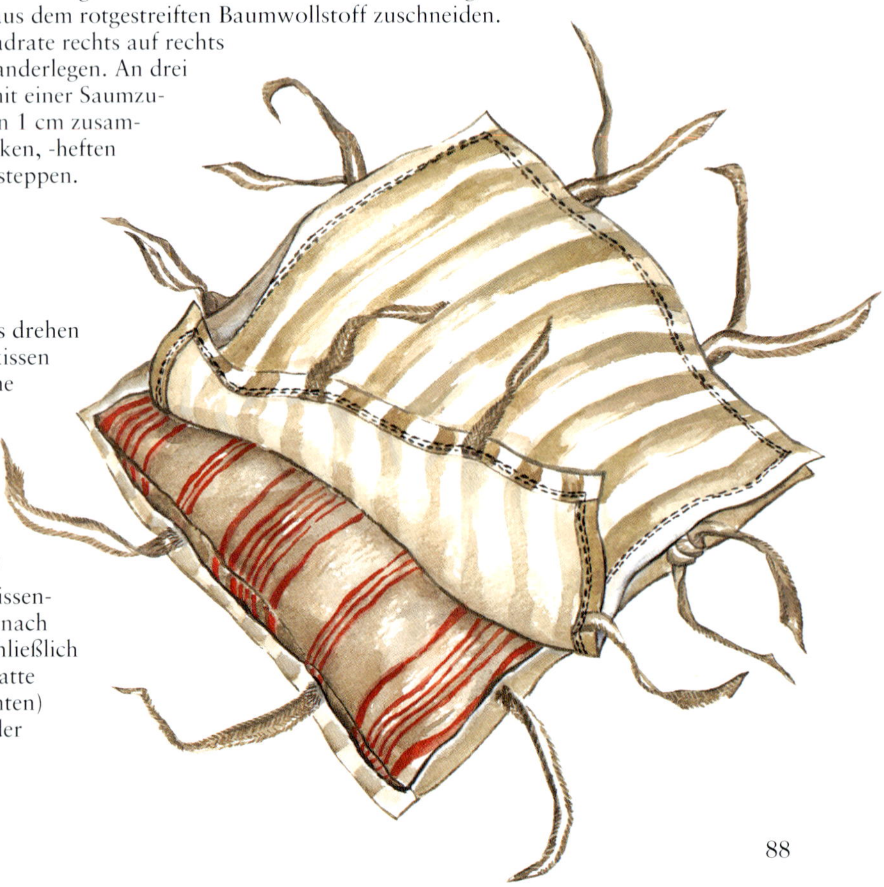

8 Bezug auf rechts drehen und bügeln. Innenkissen einziehen und offene Naht mit Saumstich schließen.

9 Innenkissen auf eine der äußeren Kissenplatten (linke Seite nach oben) legen und schließlich die zweite Kissenplatte (linke Seite nach unten) darüberlegen. Bänder verknoten.

1 Für den Überzug aus dem beigegestreiften Leinenstoff zwei 55 × 55 cm große Stoffstücke zuschneiden. Darauf achten, daß die Streifen parallel zu den Seiten verlaufen.

2 Bei einem dieser Teile alle vier Schnittkanten 1/2 cm umschlagen, die Ecken sollen sich dabei überlappen. Nochmals um 2 cm einschlagen und bügeln, dabei sicherstellen, daß die Streifen des Saums und des Stoffstücks aufeinanderliegen. Das Ganze bei dem anderen Stoffstück wiederholen.

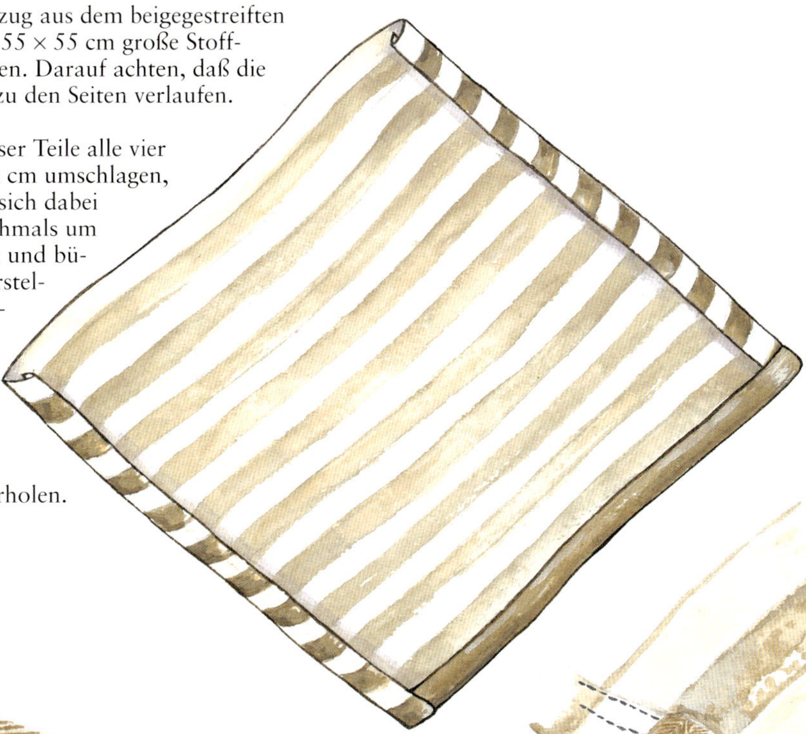

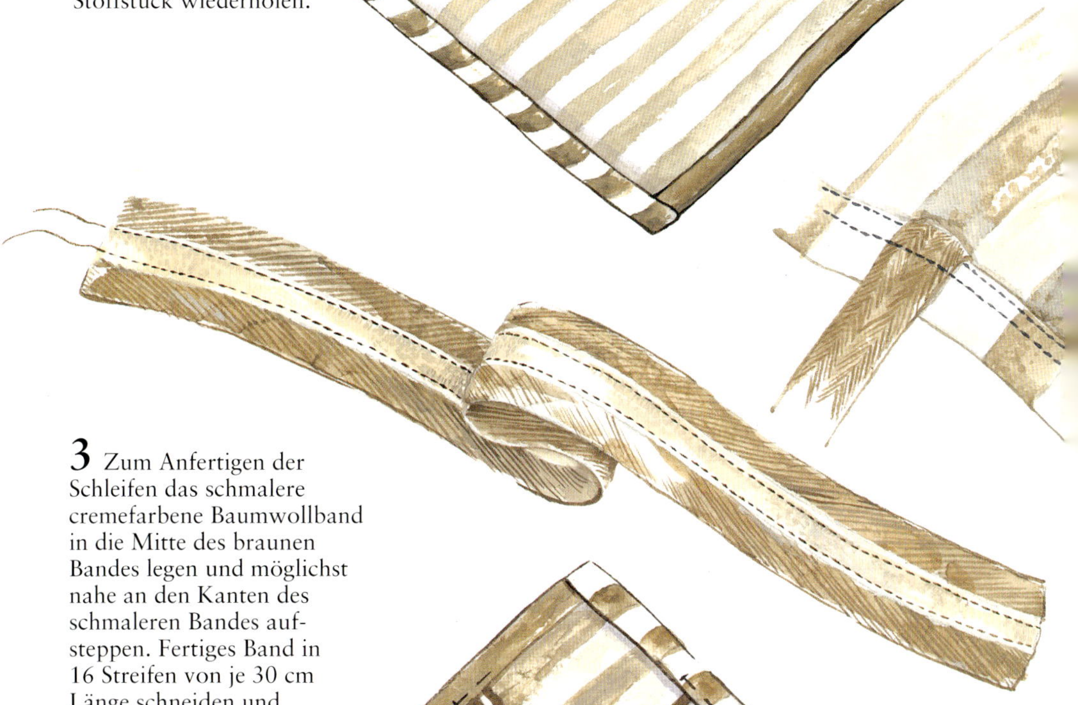

3 Zum Anfertigen der Schleifen das schmalere cremefarbene Baumwollband in die Mitte des braunen Bandes legen und möglichst nahe an den Kanten des schmaleren Bandes aufsteppen. Fertiges Band in 16 Streifen von je 30 cm Länge schneiden und bügeln.

4 Eine der Kissenplatten mit der linken Seite nach oben auflegen und acht Bänder jeweils 13 cm von den Ecken entfernt unter den ausgebügelten Saum legen und mit Stecknadeln fixieren.

Ganz links: Ein Streifenmuster aus parallelen, mit weißem Wollgarn handgestickten Stichreihen.
Links: Schwarz auf weiß – exakt angeordnete und sorgfältig ausgeschnittene Kreise ergeben das Muster auf diesem weißen Innenkissen.

Oberflächendekoration

Für alle, die allein im Nähen von Kissen keine genügend große Herausforderung sehen – oder für diejenigen, die gerne mit der Hand sticken –, gibt es viele Möglichkeiten, die Oberfläche eines selbstgenähten oder auch gekauften Kissens zu verschönern. Kreuzstich, Stickereien, Quilts und Applikationen verleihen Ihrem Kissen eine persönliche Note.

Rechts: Ein braun-weißes Wollkissen bestickt mit reizenden, bunten Blumen und umrandet mit einer dicken roten Kordel.
Unten rechts: Um den äußeren Rand dieses cremefarbenen Leinenkissens wurde mit Kreuzstich eine schwarze Borte gestickt; die hintere Kissenplatte ist aus schwarz-weißem Gingham.
Unten: Eine Ecke eines Patchworkkissens aus Wolle und Samt.

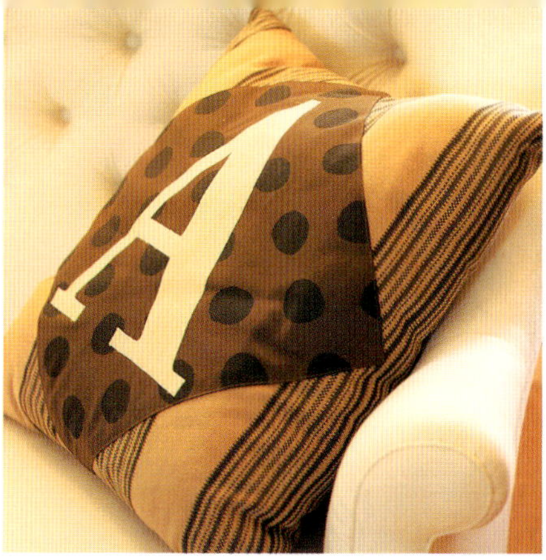

Oben: In der Mitte eines cremefarbenen Flanellkissens ein mit schwerem Wollgarn in Plattstichtechnik gesticktes Herz.
Links, von oben nach unten: Stoffreste mit einem sorgfältig ausgeschnittenen Buchstaben kombiniert. Gelbe Ovale, mit Plattstich gestickt, schwarz umrandet. Eine anspruchsvolle Blumenstickerei auf cremefarbenem Leinen. Ein prachtvolles Kissen aus handbemalter Seide. Dieser Leopardenmustergobelin wirkt sehr naturgetreu!
Unten rechts: Das aus brauner Wolle gestrickte Kissen wurde nach dem Bindebatikverfahren gefärbt und gefilzt; das daraufliegende Kissen ist eine Patchworkarbeit aus Samtbändern, gestrickten Wollquadraten und Leinen.

Gestickte Initialen

Ein wirklich persönliches Geschenk ist ein selbstgenähtes, mit Initialen besticktes Kissen. Die Kreuzstichtechnik ist sehr einfach und sieht dabei auch noch hübsch aus. Bei diesem Kissen sind die Umrandung der Festons und die Stickerei in der gleichen Farbe gearbeitet. Sobald Sie wissen, welche Buchstaben Sie sticken wollen, entwerfen Sie eine exakte Motivvorlage (Sie finden diese auf Seite 104), wobei es wichtig ist, ganz genau zu zählen.

Material & Werkzeug

50 cm brauner Leinenstoff, 115 cm breit

cremefarbener Filz in der Größe 30 × 45 cm

rechteckiges Innenkissen, 23 × 45 cm groß

cremefarbenes Stickgarn

Schneiderkreide

Zickzackschere

Millimeter- und Musterpapier

Sticknadel

6 Zur Fertigstellung die vordere Kissenplatte mit der bestickten Seite nach oben auflegen und die Festonumrandung mit dem Filz nach oben an den Längsseiten auflegen. Schnittkanten ausrichten, mit einer Saumzugabe von 1 cm zusammenheften.

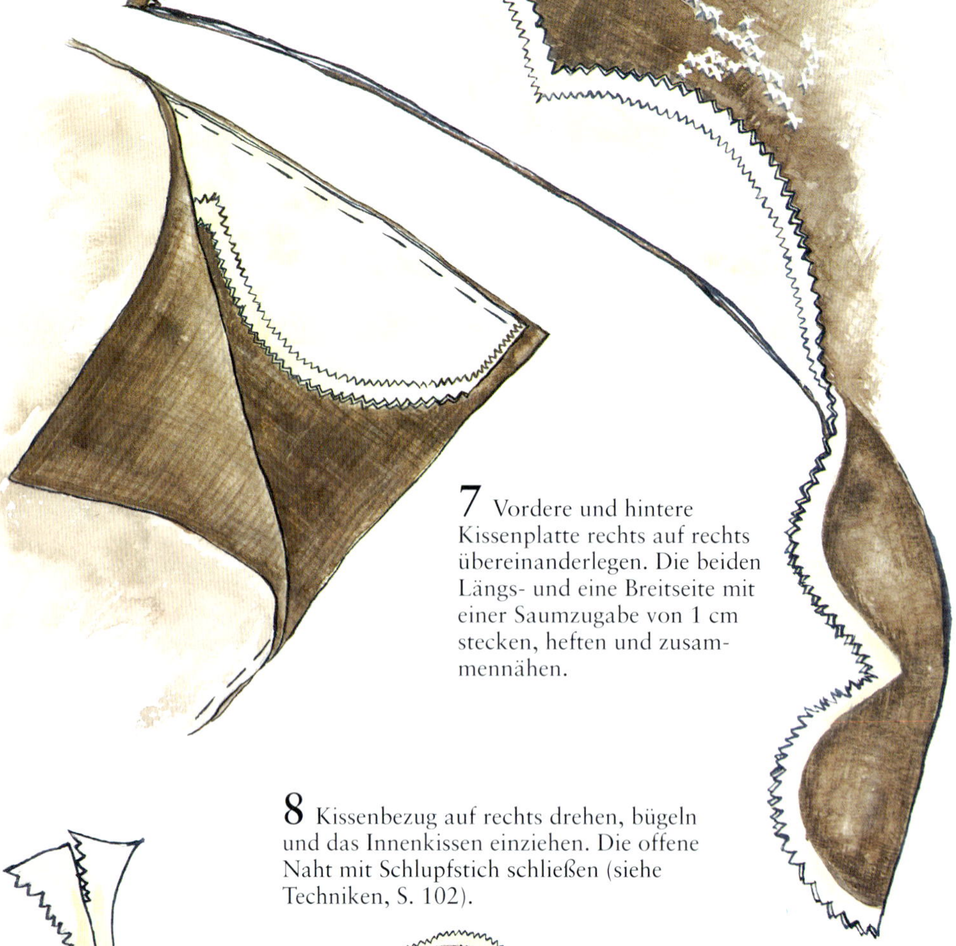

7 Vordere und hintere Kissenplatte rechts auf rechts übereinanderlegen. Die beiden Längs- und eine Breitseite mit einer Saumzugabe von 1 cm stecken, heften und zusammennähen.

8 Kissenbezug auf rechts drehen, bügeln und das Innenkissen einziehen. Die offene Naht mit Schlupfstich schließen (siehe Techniken, S. 102).

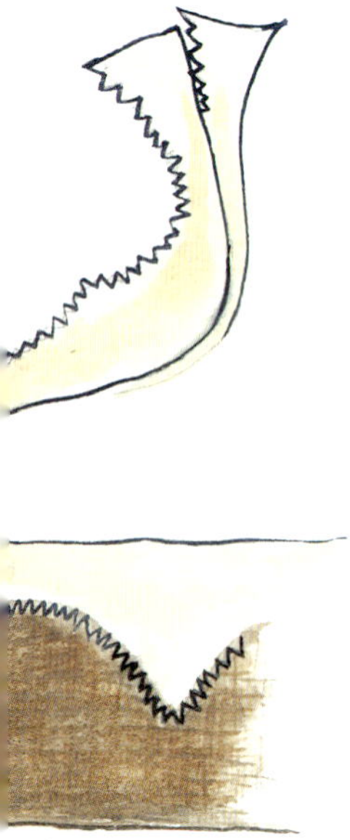

1 Aus dem Leinenstoff zwei Stücke der Größe 48 × 25 cm zuschneiden, wovon eines bestickt werden soll. Hierzu das Muster auf das Millimeterpapier zeichnen und anschließend mittig auf das Stoffstück übertragen (siehe Anleitung auf S. 104). Mit dem cremefarbenen Garn mit Kreuzstich sticken.

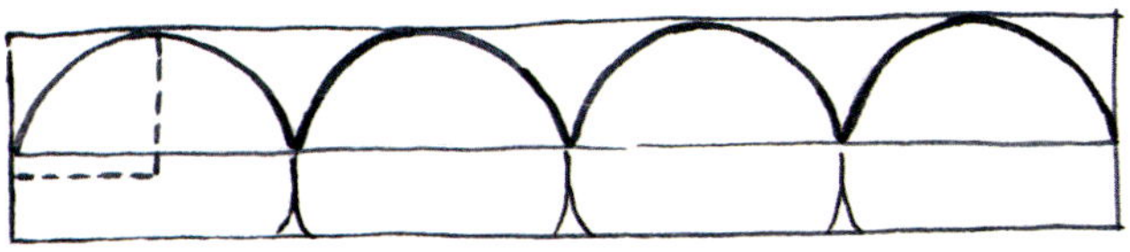

2 Zum Anfertigen der bogenförmigen Festons aus dem braunen Leinen einen Streifen mit den Maßen 15 × 48 cm und zwei aus Filz mit den Abmessungen 15 × 45 cm zuschneiden. Auf einem 8 × 48 cm großen Musterpapier eine Schablone entwerfen. An die Oberkante vier Teilkreise mit einem Durchmesser von 12 cm zeichnen. In der Mitte jedes Kreises von der unteren Papierkante 4 cm nach oben messen; durch diese Punkte eine gerade Linie ziehen. Die Kreise entlang ihrer Umrisse in der oberen Hälfte ausschneiden.

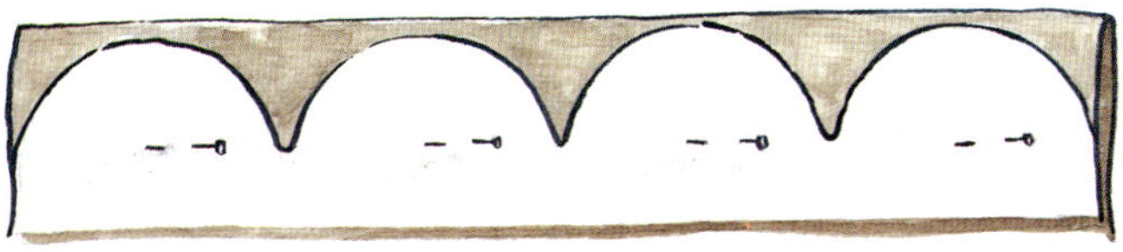

3 Den Leinenstreifen der Länge nach links auf links auf die Hälfte falten. Die Schablone so darauflegen, daß deren gerade Seite genau auf den Schnittkanten des Stoffstreifens liegt, und feststecken. Die Kontur aus dem Leinenstreifen ausschneiden, das Papier entfernen und zwischen den Festons einschneiden. An den Bogen und den schmalen Seiten der Streifen jeweils eine 1 cm breite Naht einschlagen und bügeln.

4 Die Filzstreifen der Länge nach auf die Hälfte zusammenlegen und jeweils einen der Leinenstreifen darauflegen. Mit Stecknadeln fixieren, heften und die Teile mit Zickzackstich entlang der Bogen und schmalen Seiten zusammennähen (siehe Techniken, S. 102).

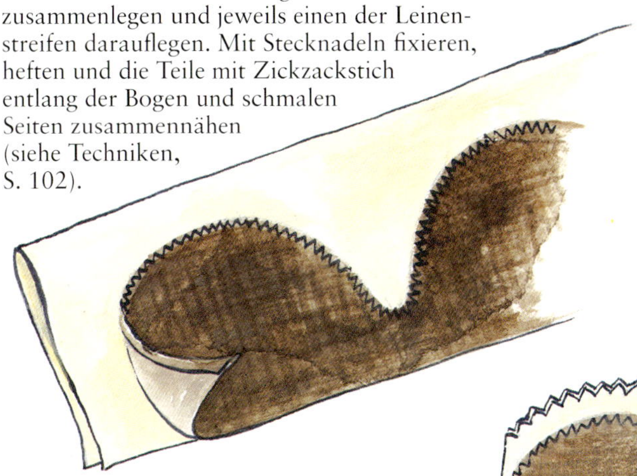

5 Die Filzumrandung mit einer Zickzackschere im Abstand von 1 cm abschneiden.

Herbstliche Blätter-Applikation

Die Kunst des Applizierens gibt es neben zahlreichen anderen handarbeitlichen Kniffen schon seit Generationen. Viele Muster – ob bildhafte oder abstrakte – können appliziert werden. Alles, was Sie tun müssen, ist, sich für ein oder mehrere Motive zu entscheiden, es aufzuzeichnen, aus Stoffresten zuzuschneiden und schließlich auf eine Unterlage zu applizieren. Eine Schablone für Blätter finden Sie auf Seite 104.

Material & Werkzeug

50 cm grober Baumwollstoff, 115 cm breit

für das Motiv 25 cm kontrastfarbener Stoff, 115 cm breit

Innenkissen, 45 cm im Quadrat

25 cm klebbare Vlieseline, 115 cm breit

Pauspapier

4 Das Papier wegnehmen und die Blätter auf eine der beiden Kissenplatten kleben. Entlang der Schnittkanten mit der Maschine aufsteppen.

5 Zum Verzieren der Applikationen die Adern und Stiele der Blätter mit engem Zickzackstich in einem andersfarbigen Garn steppen.

6 Zur Fertigstellung des Kissens die hintere und vordere Kissenplatte rechts auf rechts übereinanderlegen. Stecken, heften und mit einer Nahtzugabe von 1 cm an drei Seiten zusammennähen.

7 Kissenbezug auf rechts drehen, Innenkissen einziehen und die offene Naht mit Schlupfstichen (siehe Techniken, S. 102) schließen.

1 Für die vordere und hintere Kissenplatte aus dem groben Baumwollstoff zwei 48 × 48 cm große Teile zuschneiden. Dabei darauf achten, daß die Fäden parallel zu den Schnittkanten verlaufen.

2 Das kontrastfarbene Stoffstück vorsichtig auf die Vlieseline bügeln und vier Quadrate, aus denen die Blätter ausgeschnitten werden sollen (siehe Schablonen, S. 104), zuschneiden.

3 Die Blätter in der gewünschten Größe auf das Pauspapier zeichnen. Ausschneiden und auf die Stoffquadrate legen. Mit Stecknadeln fixieren und die Blätter sorgfältig ausschneiden.

Grundausstattung & Techniken

Grundausstattung zum Nähen

Für die Anfertigung der im Buch vorgestellten Kissen sind einige Grundwerkzeuge erforderlich: mehrere gute Scheren, einschließlich einer großen Papierschere, einer mittelgroßen Schneiderschere und einer kleinen Stickschere zum Schneiden des Garns. Zickzackscheren sind zum Abschneiden von überschüssigem Material und zum Schneiden von dekorativen Kanten sehr hilfreich. Verwenden Sie ausschließlich qualitativ hochwertige, rostfreie Schneidernadeln aus Stahl, die Sie am besten in einer Schachtel aufbewahren, damit sie nicht stumpf werden. Achten Sie bei der Wahl der Nadel auf die Schwere des Stoffes und die Dicke des Garns und verwenden Sie zum Sticken eine spezielle Nadel. Außerdem benötigen Sie ein Bügeleisen; bügeln Sie aber, vor allem empfindliche Stoffe, mit einem Dämpftuch. Weitere nützliche Hilfsmittel sind Nahttrenner, eine stumpfe Stricknadel oder eine Pinzette zum Ausformen der Ecken und ein Fingerhut.

Hilfsmittel zum Messen und Markieren

Benutzen Sie ein langes, gerades Lineal sowie ein Maßband beim Abmessen des Stoffes und messen Sie immer noch einmal nach. Müssen Kreise, eine Sternform oder Kurven gezeichnet werden, so verwenden Sie einen Zirkel und Winkelmesser oder einen entsprechend langen Faden, an dessen einem Ende ein Bleistift und am anderen als Drehpunkt eine Nadel befestigt werden. Millimeterpapier ist sehr hilfreich, wenn Formen vergrößert oder verkleinert werden sollen, ferner ist im Handel spezielles Schablonenpapier erhältlich. Um an einem Stoff Markierungen vorzunehmen, ist Schneiderkreide, die es in verschiedenen Farben zu kaufen gibt, äußerst praktisch, einfach anzuwenden und leicht zu entfernen; alternativ können Sie auch mit Heftstichen, die wieder entfernt werden können, in kontrastfarbenem Garn markieren. Wenn Sie einen Markierstift verwenden, sollten Sie auf jeden Fall vorher prüfen, ob dieser nicht durchfärbt.

Stoffe

In jeder Anleitung sind die empfohlenen Stoffe, d.h. ihre Schwere, ihre Struktur, ihr Muster, genau auf das spezielle Design abgestimmt. Wollen Sie einen anderen Stoff verwenden, sollte dieser daher eine ähnliche Beschaffenheit haben. Wählen Sie den Stoff entsprechend der Funktion, die das fertige Kissen erfüllen soll. Für die meisten Kissen empfiehlt sich Möbelstoff; für Boden-, Außen- oder Sitzkissen sollten strapazierfähigere und für Kissen, die eher dekorativeren Zwecken dienen, können wertvollere Stoffe gewählt werden. Erkundigen Sie sich, ob ein Stoff bei der Wäsche eingeht, da Sie in diesem Fall entsprechend mehr kaufen müssen; wenn möglich, kaufen Sie nur farbechte Stoffe.
Es empfiehlt sich, den Stoff auf alle Fälle vorzuwaschen, da verschiedene Stoffe auch in unterschiedlichem Maß eingehen können. Für die Umrandungen und die hinteren Teile der Kissen können Sie eventuell auch Stoffreste verwenden.

Polster und Füllmaterial

Fertige Innenkissen sind in vielen Formen und Größen und mit verschiedenen Füllungen erhältlich. Die Füllung für hohe Ansprüche sind Federn und Daunen, wobei für Kuschelkissen eine lockerere Füllung als für ein festes Sitzpolster gewählt werden sollte. Bei eigener Herstellung eines Innenkissens mit Daunen- und Federnfüllung sollte ein dicker Baumwollstoff verwendet werden, da andernfalls Federkiele durchstechen können. Reiner Baumwoll- oder Kattunstoff ist geeignet für Polster mit Synthetikfüllung. Achten Sie darauf, daß Kissen mit Federn- oder Synthetikfüllung nicht naß werden. Schaumgummiflocken aus Kunststoff oder Latex sind zwar klumpig und unbequemer, dafür aber wasserabweisend und somit zum Gebrauch im Freien geeignet. Schaumgummiblöcke können beliebig zugeschnitten und für Sitzpolster verwendet werden, müssen aber zum Ausformen der Ecken wattiert werden.

NÄHTECHNIKEN

Die in den Anleitungen genannten Nähtechniken können sowohl mit der Hand als auch mit Maschine ausgeführt werden; im folgenden werden die komplizierteren Nähtechniken näher erläutert. Sie können jedoch alle Kissen auch mit einem einfachen Steppstich nähen.

Heftstich (auch Kraus- oder Reihstich)
Eine Reihe kleiner, gleich langer und sauber ausgeführter Stiche auf beiden Seiten des Stoffes. Der Heftstich wird auch angewendet, wenn ein Stoff per Hand gerüscht werden soll. Dabei das Garn an einem Ende festknoten und zwei zueinander parallele, eng beieinanderliegende Heftstichreihen an der zu rüschenden Kante entlangnähen. Das freie Ende des Garns um eine Nadel wickeln und vorsichtig daran ziehen, damit sich der Stoff kräuselt.

Schlupf- oder Staffierstich
Eine einfache Art, zwei umgeschlagene Kanten zusammenzunähen. Das Garnende verknoten und von rechts nach links arbeiten, indem die Nadel 1/2 cm durch den gefalteten Stoff gestochen wird. Dabei am Gegenstück zum Zusammennähen der beiden Kanten einige Fäden aufnehmen. Möglichst kleine Stiche machen, damit sie weitgehend unsichtbar bleiben.

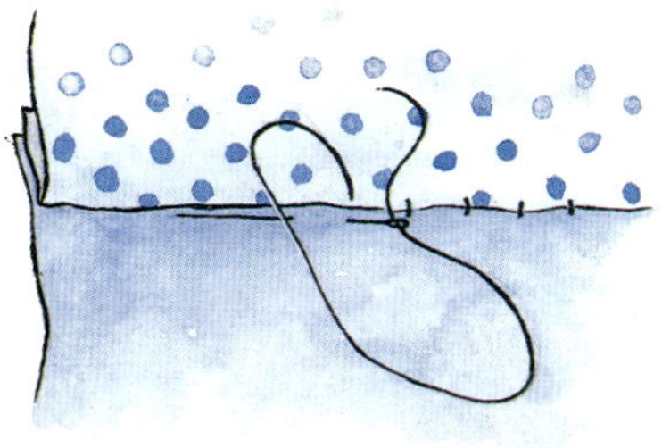

Saumstich, Überwendlichstich
Mit dem Saumstich können Sie einen gefalteten Saum nähen. Mit der Hand genäht sieht dies meistens sehr viel sauberer aus als mit der Maschine. Auf der linken Seite des zu säumenden Stoffstücks zwei Fäden aufnehmen; die Nadel diagonal von rechts nach links und von unten durch die gefalteten Stofflagen stechen.
Der Überwendlichstich wird von links nach rechts gearbeitet; er eignet sich zum Zusammennähen von zwei Stoffteilen, aber auch zum Versäubern von Schnittkanten.

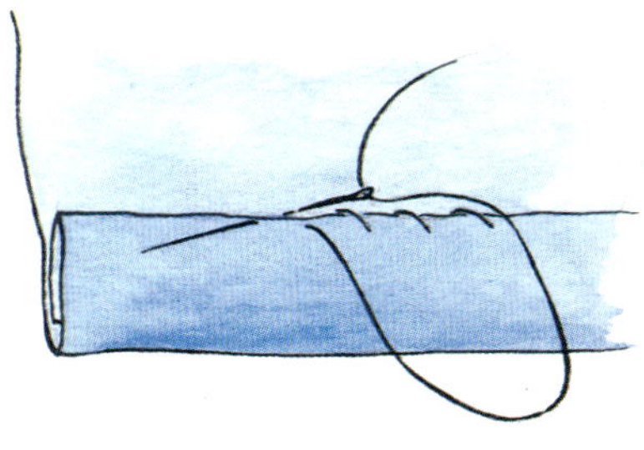

Steppstich oder Rückstich
Mit diesem Stich erhält man eine feste Naht, ähnlich einer Maschinennaht. Er kann auch als Knoten am Ende einer Naht verwendet werden. Nach einem Stich wird die Nadel wieder in den vorhergehenden Stich eingestochen, wodurch sie eine Stichlänge vor dem Garn wieder erscheint. So wird auf der rechten Seite eine ununterbrochene Stichreihe und auf der Rückseite eine überlappende gearbeitet.

Kreuzstich
Wo es möglich ist, können Sie dekorative Kreuzstiche anwenden. Zunächst wird das halbe Kreuz gestochen, dann entlang der Kante zurückgestochen und das Kreuz fertiggestellt. Die oberen Kreuzstiche sollten alle in eine Richtung geneigt sein. Für Kreuzstichmuster verwendet man Stickgarn.

Federstich
Dieser dekorative Stich wird auf der rechten Stoffseite genäht. Die Nadel durch A stechen, bei B einstechen, bei C wieder zurückstechen, dabei das Garn, bevor es festgezogen wird, unter die Nadel legen. Den Vorgang wiederholen, indem die Nadel bei D ein- und bei E zurückgestochen wird, das Garn erneut um die Nadel schlingen. Diese geschlungenen Stiche können auf jeder sichtbaren Naht angewendet werden. Geeignet hierfür sind Stickgarn oder dickeres Baumwollgarn.

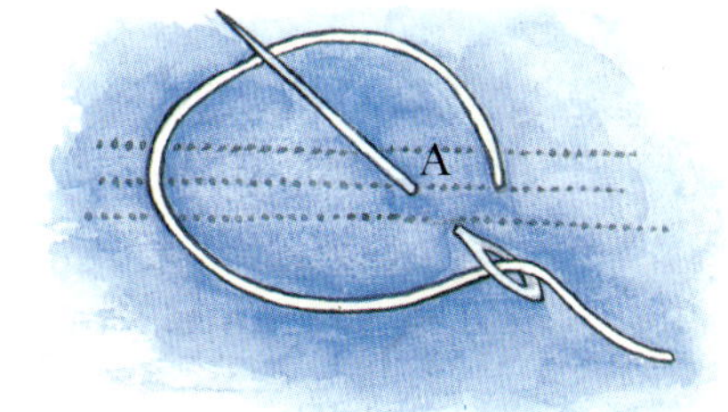

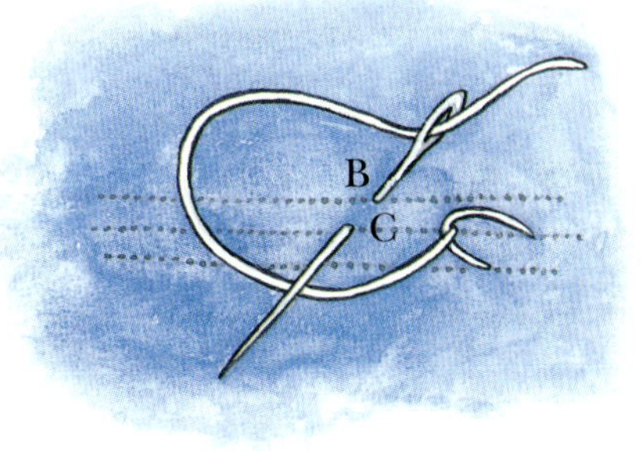

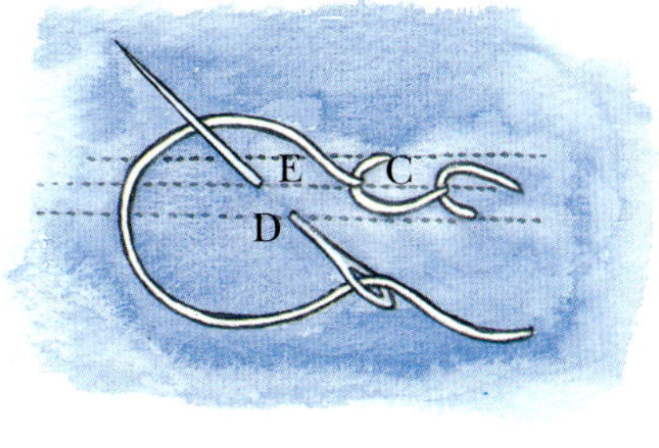

Festonstich
Ein dekorativer Stich zum Versäubern von Kanten. Das Garn an einem Ende des Stoffes festnähen und von rechts nach links arbeiten, dabei die Nadel in etwa 1 cm Abstand von der Kante einstechen; das Garn unter die Nadel legen und festziehen, so entsteht eine Schlinge. Die Stiche sollten gleich hoch und ungefähr in einem Abstand von 1 cm gearbeitet sein. Setzt man die Stiche enger, heißt er Langettenstich.

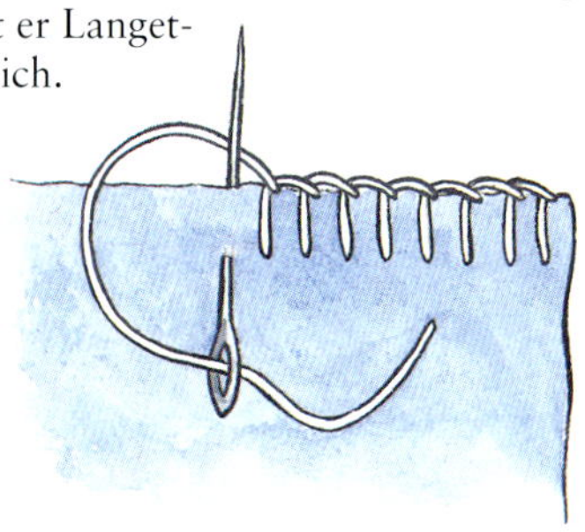

Knopflochstich
Dieser Stich ist nicht nur dekorativ, sondern verhindert auch das Ausfransen des Knopfloches. Es gibt Nähmaschinen, mit denen auch Knopflochstiche genäht werden können. Arbeiten Sie auf der rechten Seite mit einer kurzen Nadel und einem festen Garn, dessen Ende auf der linken Stoffseite verknotet wird. Arbeiten Sie an der rechten Schnittkante (Linkshänder an der linken). Die Nadel im rechten Winkel zur Schnittkante ein- und durch den Stoff stechen, das Garn unter die Nadel legen, dann festziehen, so daß jeder Stich an der Schnittkante einen Knoten bildet. Die Stiche sollten im gleichen Abstand voneinander liegen, die Knoten gut festgezogen werden und eng aneinanderliegen. Fächern Sie die Stiche eng an beiden Knopflochenden auf, um ein Aufreißen des Knopflochs zu verhindern. Die Tiefe der Stiche richtet sich danach, wie leicht ein Stoff ausfranst.

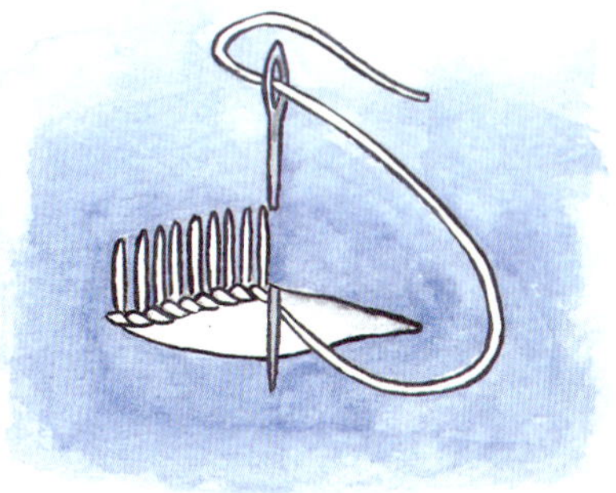

Säume
Nähen Sie Säume von oben nach unten und stellen Sie bei gemusterten Stoffen sicher, daß das Muster auf beiden Seiten übereinstimmt. Meistens wird einfach gesäumt; dabei den Stoff mit den Schnittkanten zueinander rechts auf rechts legen, eventuell das Muster ausrichten, feststecken, heften und mit der Maschine zusammennähen, das Garn am Ende mit ein paar Rückstichen vernähen. Bei schweren Stoffen weniger Naht zugeben, damit es nicht zu wuchtig wirkt. Soll der Saum auf einer Seite liegen, so ist es am besten, nur bei einem Saum die Zugabe zu verringern, dadurch wirkt die rechte Stoffseite gleichmäßiger. Franst der Stoff leicht aus, so versäubern Sie die Schnittkanten (s. unten).

Versäubern von Säumen
Es gibt drei Möglichkeiten, Säume zu versäubern und zu verstärken. Bei einem Stoff, der weniger leicht ausfranst, muß die Nahtzugabe nicht unbedingt, die Ecken müssen jedoch auf alle Fälle versäubert werden (siehe unten); die Schnittkanten können auch mit der Zickzackschere nachgeschnitten werden. Versäubern Sie einen Saum mit der Hand, so können Sie die Schnittkanten umnähen, einen Festonstich oder eine überwendliche Naht anbringen. Beim maschinellen Versäubern bietet sich ein enger Zickzackstich an, oder die Schnittkante wird umschlossen, d.h. ein Zickzackstich mit folgenden zwei geraden Stichen wird genäht.

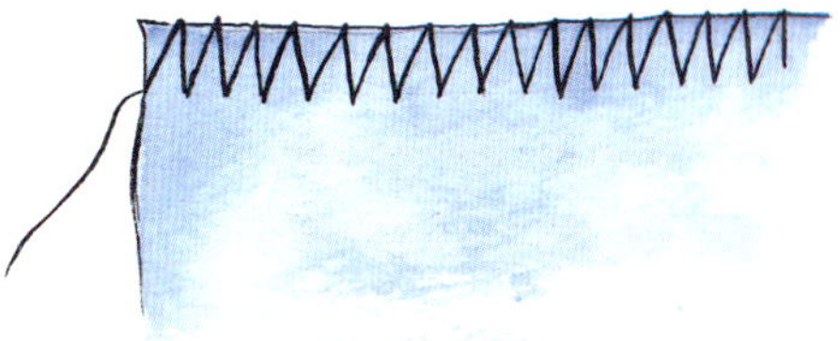

Versäubern von Ecken und Bogen
Es ist zwar nicht unbedingt notwendig, Säume zu versäubern, da diese ja unsichtbar in der Innenseite des Kissens liegen, die Ecken und Bogen sollten Sie aber auf jeden Fall versäubern. Zum Versäubern einer Ecke gerade in diese hineinstechen, die Nadel im Stoff belassen, den Fuß vom Pedal der Nähmaschine nehmen und den Stoff um 90° drehen, dann weiternähen. Lassen Sie die Saumnaht quer über eine Ecke laufen, läßt sie sich später ausformen. Bei scharfen Ecken (wie z. B. bei dem Sternkissen auf Seite 12) zur Verstärkung mit ein oder zwei Stichen über die Spitze nähen. Die Saumzugabe etwas zurückschneiden, damit sich kein Wulst ergibt und die Ecke besser ausformen läßt.

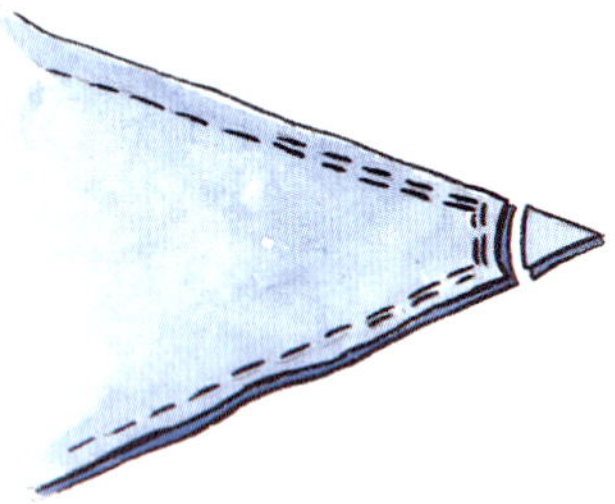

Beim Nähen eines runden Saums auf eine gleichmäßige Zugabe achten. Bei konkavem (nach innen gerichtetem) Verlauf zum Versäubern kleine Dreiecke ausschneiden. Bei konvexem (nach außen gerichtetem) Verlauf den Saum von außen einschneiden.

Besatz und Paspel

Mit Schrägband oder Schrägstreifen werden diagonal zugeschnittene Stoffstreifen bezeichnet, die verwendet werden, um Paspelkordeln anzubringen. Beides gibt es fertig zu kaufen, Sie können aber auch zu den jeweiligen Besätzen sehr viel besser passende Einfassungen und Paspeln selbst anfertigen. Hierfür ist ein dem Kissenstoff in Schwere und Beschaffenheit ähnlicher Stoff zu wählen, damit beim Waschen keine Probleme auftreten. Beim flachen Paspeln wird ein Schrägband ohne die Kordel auf die Hälfte gefaltet. Papselkordeln gibt es in den unterschiedlichsten Dicken, so daß es nicht schwierig ist, eine jeweils passende zu finden. Auf jeden Fall vorwaschen, um ein späteres Verziehen zu vermeiden. Wichtig ist auch, das Schrägband und die Paspelkordel auf ihre Farbechtheit zu prüfen. Zum Anfertigen eines Schrägbands oder Schrägstreifens ein quadratisches Stoffstück so zu einem Dreieck falten, daß eine Schnitt- und eine Webkante (das Ende, das nicht ausfranst) aufeinanderliegen. Die untere Kante des Dreiecks ist die Grundlinie. Mit Hilfe eines langen Lineals und mit Schneiderkreide parallel zur Grundlinie eine Reihe von Linien im Abstand der erforderlichen Breite einzeichnen. Die Anzahl der Streifen richtet sich nach der Länge der Paspelierung. Die Streifen müssen mit einer Saumzugabe von 1 cm versehen werden und breit genug sein, um die Kordel zu bedecken. Schrägstreifen ausschneiden und entlang der

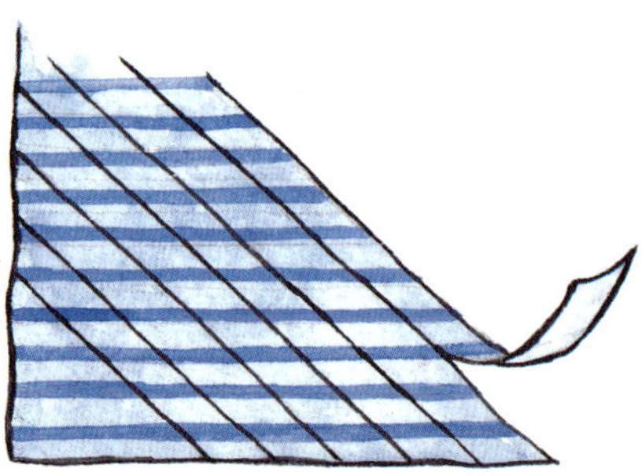

Breitseite mit einer schmalen Saumzugabe zusammennähen. Saum gut ausbügeln und die Ecken zurechtschneiden.

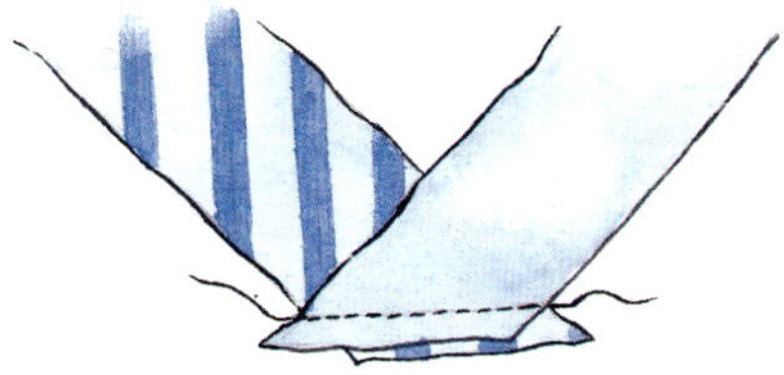

Das Schrägband mit der linken Seite nach oben auflegen und sorgfältig um die Paspelkordel schlagen. Feststecken, heften und mit der Maschine oder per Hand steppen.

Die Kordel entlang der Saumnaht anbringen. Soll die Paspelierung um eine Ecke geführt werden, die Saumzugabe in diesem Bereich zurechtschneiden. Treffen gepaspelte Schnittkanten aufeinander, muß der Stoffstreifen so zurechtgeschnitten werden, daß er 1 cm überlappt; an einem Ende 1/2 cm umschlagen und die gegenüberliegende Schnittkante nach innen säumen; an der Naht entlangstechen.

Das Übertragen eines Designs

Liegt ein Muster in Originalgröße vor, kann es direkt auf das Durchschlag- und Pauspapier übertragen werden. Zur Vergrößerung eines Musters dieses auf Millimeterpapier übertragen und auf die gewünschte Größe bringen; alternativ kann das Muster natürlich auch mit einem Fotokopiergerät vergrößert werden.

Danach mit dem Lineal eine horizontale und eine vertikale Linie durch die Mitte des Musters ziehen. Bevor eine Vorlage auf die vordere Kissenplatte übertragen wird, diese bügeln und dann in vertikaler Richtung auf die Hälfte falten. Auseinanderfalten und mit Heftstichen den Bruch markieren. Den Vorgang in horizontaler Richtung wiederholen, um sich ein Gerüst zum Einzeichnen des Musters zu schaffen.

Durchschlagpapier oder spezielles Schneiderkohlepapier, das in verschiedenen Farben bei den meisten Kurzwarenhändlern gekauft werden kann, verwenden. Ein Papier wählen, dessen Farbe sich von der des zu bestickenden Stoffes gut abhebt, damit das Muster deutlich zu erkennen ist. Den Stoff mit der rechten Seite nach oben auflegen und das Durchschlagpapier mit seiner glänzenden Seite nach unten auf diesen legen. Nun das Paus- auf das Durchschlagpapier legen und die bereits markierten horizontalen und vertikalen Linien übertragen, dann alle drei Lagen mit Stecknadeln fixieren. Das Muster mit einem Ballpen oder einem Bleistift nach-

zeichnen. Vorsichtig sowohl Paus- als auch Durchschlagpapier entfernen und den Aufdruck auf der linken Stoffseite mit einem Kreuzstich (Beschreibung siehe S. 101) nachsticken. Immer von innen nach außen arbeiten. Die Kreuzstiche sollten etwas größer als das aufgezeichnete Muster sein, damit dieses später nicht mehr zu sehen ist. Ist die Stickarbeit fertiggestellt, die Heftstiche auftrennen und entfernen.

Um das oben abgebildete Design (siehe Projekt S. 92) nacharbeiten zu können, muß die Größe vor dem Übertragen auf den Stoff verdoppelt werden; dabei nach einer der oben beschriebenen Anweisungen arbeiten. Die hier vorgegebenen Buchstaben A und B ersetzen Sie einfach durch die Initialen, die Sie auf den Kissenbezug sticken möchten. Legen Sie sich vor Beginn Ihrer Arbeit eine genaue Zeichnung der zu stickenden Buchstaben an.

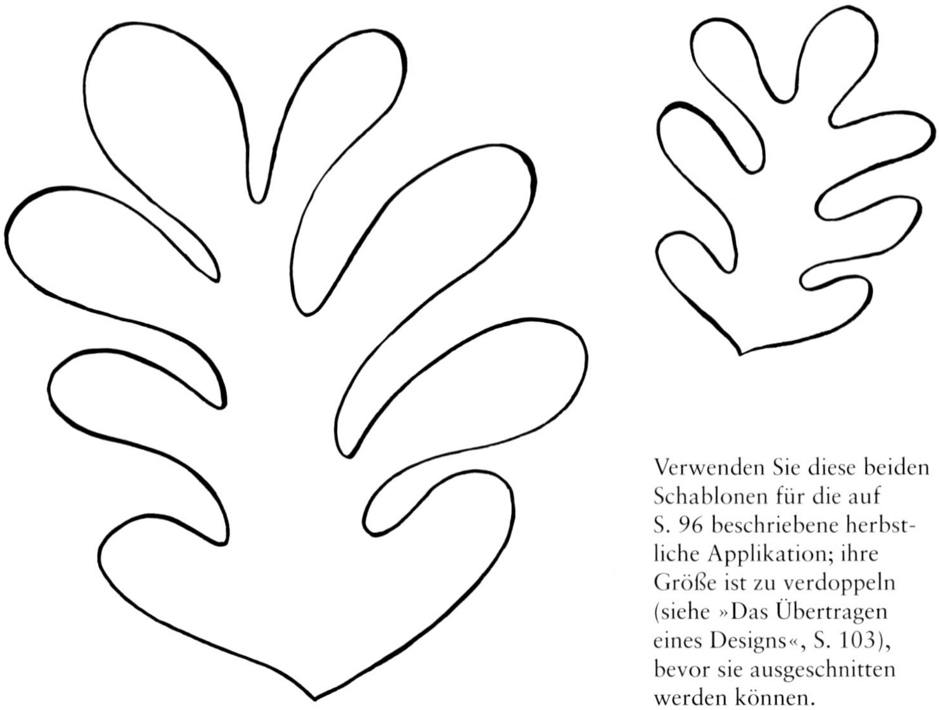

Verwenden Sie diese beiden Schablonen für die auf S. 96 beschriebene herbstliche Applikation; ihre Größe ist zu verdoppeln (siehe »Das Übertragen eines Designs«, S. 103), bevor sie ausgeschnitten werden können.

Glossar

Batiken Einen Stoff durch Färben nach dem Bindebatikverfahren mit einem Muster versehen.
Baumwolle Naturfaser, hergestellt aus den Samenkapseln der Baumwollpflanze; Rohstoff zum Weben von festem, strapazierfähigem Stoff.
Besatz Ein Stoffstück, das der Verstärkung des Stoffes oder als Kontrast dient.
Borte Flacher Besatz, abschließende Umrandung eines Kissenbezugs.
Bortenband Ein gewebtes Band als Besatz oder zum Versäubern der Schnittkanten von Kissenbezügen.
Breite Der Abstand von Webkante zu Webkante. Die Standardbreiten sind 90 cm, 115 cm und 150 cm.
Chenille Samtig wirkendes Garn aus Baumwolle oder Synthetik mit rundherum seitlich abstehenden Härchen.
Crewelstickerei Großangelegte Stickerei.
Damast Jacquardgemusterter Stoff; in der Regel Seide, Satin oder Leinen.
Fältchen oder Kräuselungen Entstehen durch das Ziehen von locker gesteppten Nähten.
Federstich *siehe* Nähtechniken S. 101
Feston Bogenförmige Verzierung.
Festonstich *siehe* Nähtechniken S. 102
Filz Faserstoff aus losen, nicht gesponnenen Wollfäden, die gewalkt werden; Schnittkanten fransen nicht aus.
Futterstoff Weicher Stoff, wird für Innenkissen bzw. hintere Kissenplatten verwendet.
Gaufré (»Figuren pressen«) Auf Samtstoff geprägtes Muster.
Gehrung *siehe* Mitra.
Gesträhntes Baumwollgarn Sechsfädiges, glänzendes Garn; wird zum Sticken verwendet.
Gezwirntes Garn Ein sechsfädiges Seidengarn.
Gingham Baumwollstoff.
Heften Verfahren, um den Stoff mittels großer, gerader Stiche vorübergehend zusammenzunähen.
Hohlsaum Aus dem Stoff (z. B. Leinen) wird eine bestimmte Anzahl von Fäden gezogen. Der Stoffrand wird umgeschlagen und an die Kante des Hohlsaums gelegt. Dann werden beliebig viele Fäden mit der Nadel umfaßt, so daß sich ein dekoratives Muster ergibt, und die Nadel durch den Stoffbruch geführt.
Jacquardstoff Stoff mit eingewebtem Muster.
Kapok Weiches, feines Polstermaterial.
Knopflochstich *siehe* Nähtechniken S. 102
Kreuzstich *siehe* Nähtechniken S. 101
Langettenstich *siehe* Nähtechniken S. 102
Leinen Aus Flachs zu einem festen, dicken, vielseitig verwendbaren Stoff gesponnene Fasern.
Madras-Baumwolle Gestreifte und karierte, feine indische Baumwolle, meist in leuchtenden Farben.
Material zum Ausstopfen Weiches, nachgiebiges Polstermaterial, das in einen Baumwollbezug gestopft wird.
Messerfalten (Plissee) Engliegende, gepreßte Falten.
Mitra Bischofsmütze. Man legt einen Besatz an einer Ecke zu einer Spitztüte zusammen (»auf Gehrung«), um ein exaktes Eck zu arbeiten.
Musselin Glattes, festes, aber zartes Gewebe.
Organdy Feines, durchsichtiges, steifes Baumwollgewebe.
Organza Hauchzartes Seiden- oder Synthetikgewebe.
Paspel Schmaler Zierstreifen, oft andersfarbig, an Nähten oder Rändern von Kleidungsstücken, Kissen etc.
Plattstich Stickart, die zum Aussticken von Motiven verwendet wird.
Posament Besatz zum Verzieren von Stoffen, z. B. Borte, Schnur.
Provenzalisches Muster Für die französische Region typisches, mit kleinen Motiven in leuchtenden Farben auf Baumwolle gedrucktes Muster.
Samt Wertvoller Stoff aus Baumwolle oder Synthetik mit einer hochflorigen, weichen Oberfläche.
Satin Seide, Baumwoll- oder Synthetikfaser mit seidiger, glänzender Oberfläche und stumpfer Rückseite.
Säume *siehe* Nähtechniken S. 102
Saumnaht Entsteht, wenn zwei Stoffstücke zusammengenäht werden.
Saumstich *siehe* Nähtechniken S.101
Saumzugabe Schmaler Streifen, der beim Säumen verbleibt und ausfransen darf.
Schlupfstich *siehe* Nähtechniken S. 101
Schnittkante Kante, entlang der der Stoff zugeschnitten wurde; muß meist, damit sie nicht ausfranst, versäubert werden.
Seide Luxuriöser, fester Stoff; wird von den Seidenraupen beim Verpuppen erzeugt.
Steppstich *siehe* Nähtechniken S.101
Stone-washed Seide Zusammen mit Abriebmitteln gewaschene Seide.
Toile de Jouy Verschönern von einfachem Stoff mit malerischen Szenen.
Überwendlichstich *siehe* Nähtechniken S. 101
Versäubern *siehe* Nähtechniken S. 102
Vlieseline Dient der Verstärkung von Stoffen.
Webkante Speziell gewebte, wellige Kante, verhindert ein Aufziehen des Stoffes.
Würfelkissen Kissen in der Form eines Würfels.

Danksagung

Unseren besonderen Dank möchten wir den Pressestellen der in den Bildnachweisen aufgeführten Stoffhersteller aussprechen, denn ohne ihren guten Willen, ihr Vertrauen und ihre Freundlichkeit hätte es in diesem Buch nicht viele Fotos gegeben.

Wir danken Ryland Peters & Small, die hart für diese Produktion gearbeitet haben, ganz besonders Jacqui, Anne, David, Ingunn, Sophie und Sian waren ein wunderbares Team. Besondere Anerkennung hat auch James Merrell für seinen unermüdlichen Einsatz und seine wunderschönen Bilder verdient. Unser herzlicher Dank gilt Catherine Coombes, die neben ihrer wertvollen Arbeit auch moralische Unterstützung geleistet und uns immer wieder Mut zugesprochen hat.

Danken möchten wir auch allen, die uns bei sich zu Hause fotografieren ließen und denjenigen, die mit Leihgaben oder in anderer Weise hilfreich für das Projekt gewesen sind: Isobel Bir, Trudi Ballard, Gillian Bowden, Celia Dewes, Cath Kidston, Angel Hughes, Catharina Mannerfelt, Hikaru Noguchi, Annie Stevens und Susie Tinsley.

Und schließlich ein ganz besonderer Dank an meine Jungs: David, meinen Mann, Harry, unseren Sohn, und Rufus, den Familienhund.

Bildnachweis

Titelbild: *Von oben nach unten:* Stoff von Schumacher von Turnell & Gigon: Stoff für Innenkissen von Liberty, Stoff für Überzug von John Lewis; Stoff von Nobilis Fontan, Besätze von V. V. Rouleaux; Stoff von Designers Guild, Besätze von V. V. Rouleaux; Stoff von Nobilis Fontan

Seite 1 *Von links nach rechts:* Kissen von Liberty; Stoff von Colefax & Fowler: Kissen hergestellt von Hikaru Noguchi

Seite 2 *Von oben nach unten:* Kissen von Liberty; Kissen hergestellt von Hikaru Noguchi; Stoff von Manuel Canovas; Seide von JAB; Tweed von Liberty

Seite 4 *Von links nach rechts:* Kissen hergestellt von Celia Dewes; Stoff von Turnell & Gigon; Stoff von Schumacher von Turnell & Gigon, Troddel von Wendy Cushing

Seite 5 *Von links nach rechts:* Stoff von Chelsea Textiles; Stoff von Chelsea Textiles, Besätze von V. V. Rouleaux; Stoff von Colefax & Fowler, Besätze von Rouleaux

Seite 6 Stoff von John Lewis, Besätze von V. V. Rouleaux

Seite 7 Alle Kissen von Cath Kidston

Seite 8 *Von oben nach unten:* Stoff von Parkertex, Besatz von Osborne & Little; Stoff von Colefax & Fowler; Stoff von Chelsea Textiles Churchill; Stoff von Sanderson, Stoff für Blende von Osborne & Little

Seite 9 *Von oben nach unten:* Stoff von Colefax & Fowler; Stoff von Parkertex, Paspelierung von Firifiss; Stoff von Sanderson, Besatz von Jane Churchill

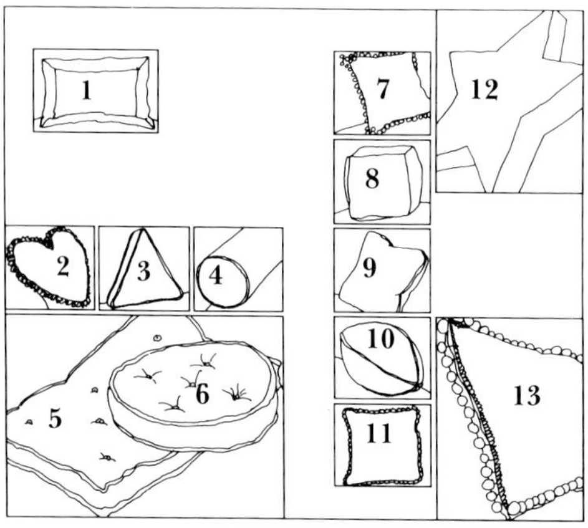

Formen, Seiten 10 – 11
- 1 Gestreifter Stoff von Sanderson, Stoff für Bezug von Osborne & Little
- 2 Stoff von Parkertex, Besatz von Osborne & Little
- 3 Stoff von Parkertex, Paspelierung von Firifiss
- **4, 5, 9, 11** Stoff von Colefax & Fowler
- **6, 8, 10** Stoff von Osborne & Little
- 7 Stoff von Parkertex, Besatz von Jane Churchill
- 12 Stoff von Chelsea Textiles
- 13 Stoff von Sanderson, Besatz von Jane Churchill

Projekte: *Sternkissen:* Stoff von Chelsea Textiles • *Bienen-Nackenrolle:* Stoff von Chelsea Textiles • *Getuftete Matratze mit Streifen:* Stoff von Schumacher von Turnell & Gigon • *Sitzkissen mit Bommel:* Stoff von The Conran Shop, Bommelkante von Jane Churchill

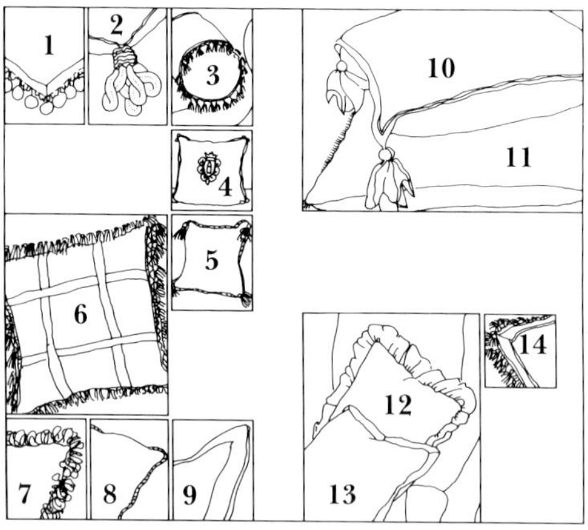

Material & Verarbeitung, Seiten 28 – 29
- 1 Stoff von Colefax & Fowler, Besatz von Nina Campbell von Osborne & Little
- 2 Kissen hergestellt von Hikaru Noguchi
- 3 Kissen von Mulberry
- 4 Kissen von William Yeoward
- **5, 6, 8, 10, 11** Kissen von Harrods
- 7 Stoff von Zoffany, Besatz von Osborne & Little
- 9 Stoff von Liberty
- **12, 13** Stoff von B. Brown
- 14 Kissen von Linda Gumb

Projekte: *Quadrate aus Streifen:* Stoff von Schumacher von Turnell & Gigon, Troddel von Wendy Cushing • *Aus Bändern geflochtenes Kissen:* hergestellt von Hikaru Noguchi • *Kissen mit gerüschter Blende :* Stoff von Alton Brooke • *Patchworkkissen aus Samt:* antik

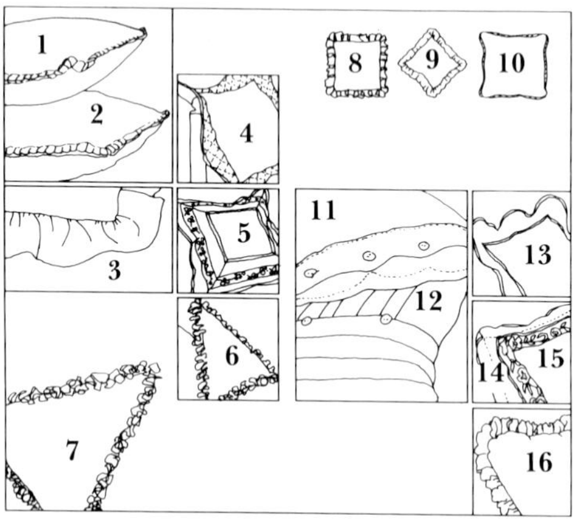

Bordüren & Einfassungen, Seiten 46 – 47
- **1, 2** Vliesstoff und Garn von John Lewis
- 3 Beide Stoffe von Sanderson
- 4 Bedruckter Stoff von Colefax & Fowler, roter Stoff von Parkertex, bestickter Leinenstoff von John Lewis
- 5 Kissen von The Blue Door
- **6, 7** Stoff von John Lewis, Besatz von V. V. Rouleaux
- 8 Stoff von John Lewis
- 9 Stoff und Einfassung von John Lewis
- 10 Kissen von John Lewis
- **11, 12, 15** Kissen von The Blue Door
- 13 Stoff von The Blue Door
- 14 Kissen von Tobias & the Angel
- 16 Stoff von Monkwell

Projekte: *Festons und Zickzacks:* Stoff von John Lewis • *Blende mit Kellerfalten:* Stoff von Sahco Hesslein • *Doppelt gerüschter Taft:* Stoff von Pierre Frey • *Kissen mit doppeltem Stehsaum:* Stoff von G. P. & J. Baker

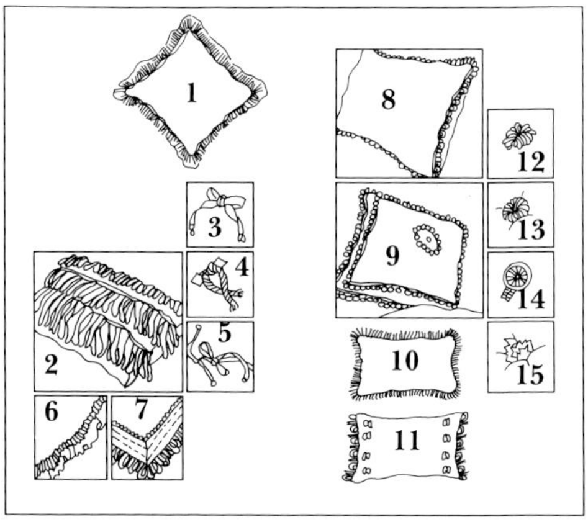

Verzierungen & Verschlüsse,
Seiten 64 – 65
1 Stoff und Besätze von John Lewis
2 Besatz von V. V. Rouleaux
3 Stoff von Monkwell
4 Stoff von Schumacher von Turnell & Gigon
5 Stoff von The Blue Door
6 Stoff von JAB, Besatz von V. V. Rouleaux
7 Stoff von The Conran Shop, Besatz von Wendy Cushing
8 Kissen von Chelsea Textiles
9 Stoff von Osborne & Little, Besatz von V. V. Rouleaux
10 Stoff von Sahco Hesslein, Besatz von Sanderson
11 Stoff von John Lewis, Besätze von Sanderson
12, 13 Troddeln von Colefax & Fowler
14 Antiker Knopf
15 Stoff von Colefax & Fowler

Projekte: *Kissen mit verknoteten Ecken:* entworfen von Wendy Harrop, Stoff von Ian Mankin, Kordel von John Lewis • *Quastenverschluß:* Stoff für Innenkissen von Manuel Canovas, Stoff für Überzug von John Lewis, Troddeln von Wendy Cushing • *Kissen in Form eines Briefkuverts:* Stoff von Sanderson, Besätze von John Lewis • *Borten & Bordüren:* Stoff von Colefax & Fowler, Besätze von V. V. Rouleaux • *Kariertes Leinenkissen mit Schleifen:* karierter Stoff von Schumacher von Turnell & Gigon, einfarbiger Stoff von John Lewis • *Loser Leinenbezug:* Stoff von Sanderson, Bänder von John Lewis

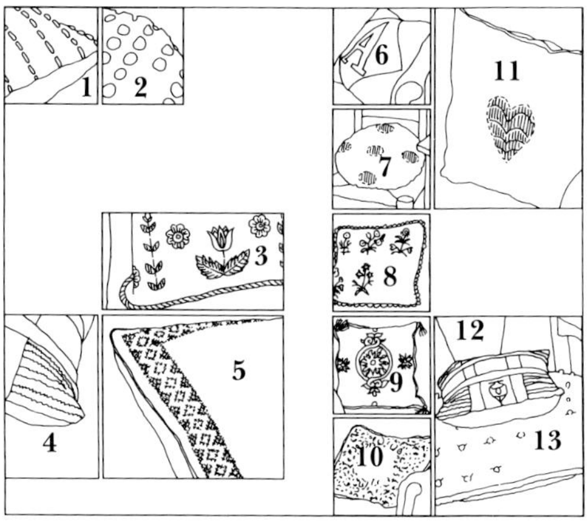

Oberflächendekoration, Seiten 90 – 91
1, 7 Stoff und Besätze von John Lewis
2 Kissen von Margret Adolfsdottir
3, 10 Kissen von Cath Kidston
4, 12 Kissen von Hikaru Noguchi von Timney & Fowler
5 Kissen bestickt von Gillian Bowden
6 Getüpfelter Stoff von Designers Guild, gestreifter Stoff von Hodsoll McKenzie
8 Kissen von Chelsea Textiles
9 Kissen von Harrods
11 Kissen hergestellt von Celia Dewes
13 Kissen von Jo Sheffield

Projekte: *Gestickte Initialen:* Stoff von Manuel Canovas, Filz von B. Brown • *Herbstliche Blätter-Applikation:* Stoffe von John Lewis

Seite 100 Kissen von The Blue Door

Seite 105 *Von oben nach unten:* Stoff von The Conran Shop; Seide von JAB; Kissen von Liberty; Stoff von Zoffany, Besatz von Nina Campbell bei Osborne & Little; Stoff von Osborne & Little, Besatz von V. V. Rouleaux

Seite 106 *Von links nach rechts:* Stoff von Schumacher von Turnell & Gigon, Troddeln von Henry Newbery; Stoff von Zoffany, Troddeln von Wendy Cushing

Seite 110 Stoff von John Lewis; Fransenborte und Knöpfe von Sanderson

Seite 111 Antikes Kissen von Antiques & Things

Seite 112 Kissen von Hikaru Noguchi von Timney Fowler

Vorsatzblätter Alle Stoffe von John Lewis; Oberflächenbesätze von V. V. Rouleaux, alle anderen von John Lewis

Register

Kreative Gestaltungsideen

Die Kunst der Bauernmalerei
Techniken und dekorative Muster zum Selbermachen
Ansprechend gestaltetes, aufwendig ausgestattetes Arbeitsbuch: Objekte mit floralen und klassischen Mustern, Tiermotiven und Ornamenten verschönern – mit vielen Beispielen, genauer Darstellung der Pinselstrichtechniken und Schritt-für-Schritt-Anleitungen.

Jane Newdick
Wunderbare Weihnachtsfreuden
Zauberhafte Geschenk- und Gestaltungsideen • Festliche Rezepte und Tischdekorationen
Dekorationsvorschläge rund ums Fest – von Christbaumschmuck und Blumenarrangements über Geschenkanhänger, Weihnachtskarten und Verpackungen bis zu festlichem Tafelschmuck und Rezepten für 50 Weihnachtsmenüs aus aller Welt.

Julie Collins
Neues Design für Trödel & Co.
Kreative Ideen zum Aufmöbeln
Fundstücke vom Trödel in Highlights der Innendekoration verwandeln: geeignete Objekte aufspüren und durch individuelles Design veredeln – 24 dekorative Beispiele für Tische, Schränke, Lampen, Kerzenständer, Gläser und mehr – mit allen Techniken Schritt für Schritt.

Ideenbuch zum Selbermachen
Katrin Cargill
Lampenschirme
Kreationen, die Atmosphäre schaffen: 20 individuell gestaltete Lampenschirme von klassisch bis modern – attraktiv präsentiert mit animativen Fotos und besonders leicht nachzugestalten dank der präzisen Schritt-für-Schritt-Anleitungen auf Ausklappseiten.

Linda Seward
Quilts
Die schönsten klassischen Motive für alle Jahreszeiten
Amerikanische Quilts von einzigartiger Schönheit und kleinere Objekte in Quiltoptik mit umfassenden Anleitungen für Anfänger und Geübte, hübschen Schritt-für-Schritt-Zeichnungen, Schablonen in Originalgröße sowie Quiltvorlagen zum Abpausen.

Kim H. Ritter
Quick Quilting
Zeitgemäße Muster • Einfache Techniken • Schritt-für-Schritt-Anleitungen
Phantasie in Stoff und Farbe: 20 Quilts in meist modernem Design, die selbst für Anfänger besonders einfach und schnell nachzuarbeiten sind.

BLV

Wohnen mit Phantasie

Liz Wagstaff
Farbe und Wohnen
Effektvolle Ideen für dekoratives Malen und Gestalten und vieles mehr
Patinieren, Krakelieren, Holz- und Steineffekte
Attraktive Farbenspiele und Veredelungstechniken für ein ganz persönliches Ambiente: Materialien, Werkzeuge, Grundtechniken und Oberflächenvorbereitung sowie Maltechniken Schritt für Schritt mit Farbvarianten und außergewöhnlichen Effekten.

Kevin McCloud
Kreative Raumgestaltung
Exquisite Wohnideen, die Atmosphäre schaffen und Akzente setzen: Grundlagen, Werkzeuge, Materialien und eine Fülle von kreativen Vorschlägen für dekorative Effekte mit Schritt-für-Schritt-Anleitungen.

Lesley Taylor
Bäder
individuell einrichten und dekorieren
Neues Ambiente für Räume zum Relaxen: Bäder und Duschen in allen Formen und Farben, Größen und Stilrichtungen mit praktischen Tips zur Planung und kostengünstigen Umsetzung der erforderlichen Gestaltungsmaßnahmen.

Emma-Louise O'Reilly
Landhaus-Romantik
Kreative Ideen, die Atmosphäre schaffen – mit vielen inspirierenden Fotos und stimmungsvollen Beispielen für die harmonische Gestaltung von Innenräumen, Terrassen und Gärten.

Bill Laws
Landhaus-Träume
Die schönsten Ideen für Einrichtung und Gestaltung rund ums Haus
Die schönsten Landhäuser von England bis USA, von Skandinavien bis Griechenland – mit faszinierenden Farbfotos, typischen Gestaltungselementen und der passenden Inneneinrichtung.

Im BLV Verlag finden Sie Bücher zu folgenden Themen: Garten und Zimmerpflanzen • Wohnen und Gestalten • Natur • Heimtiere • Jagd • Angeln • Pferde und Reiten • Sport und Fitneß • Tauchen • Reise • Wandern, Alpinismus, Abenteuer • Essen und Trinken • Gesundheit und Wohlbefinden

BLV

Wenn Sie ausführliche Informationen wünschen, schreiben Sie bitte an:
BLV Verlagsgesellschaft mbH • Postfach 40 03 20 • 80703 München
Telefon 089/12705-0 • Telefax 089/12705-543